Susanne Siebertz • Ilona von Treskow

Wohlfühlspaß für Hunde

gesund • fit • aktiv

Fotos von Bine Bellmann

KOSMOS

INHALT

Unsere Übungen sind zur leichten Orientierung nach einer einheitlichen Struktur aufgebaut: Ziel, Nutzen, Voraussetzung, Material, Umsetzung, Besonderheit und Variante.

Hausarbeit

- 12 Einführung in die Hausarbeit
- 14 Hunde-TV
- 16 Treppen
- 18 Springen
- 20 Bodenbelag, Ab auf die Decke
- 21 Schlafen
- 22 Fütterung
- 24 Körperpflege, Eins, zwei, drei – Füße heben
- 26 Haushaltshilfe
- 28 Spielzeug, Holzspielzeug mit Schiebern
- 30 Gartenarbeit

Kopfarbeit

- 38 Einführung in die Kopfarbeit
- 40 Wie Hunde lernen
- 42 Grundsätze
- 44 Konditionierung, Jeder Gegenstand trägt einen Namen
- 46 Ziehen, Ab mit den Bandagen
- 48 Schubladen und Taschen öffnen
- 50 Papprühre mit Schieber
- 52 Schieben, Mit dem Ball durch einen Parcours
- 54 Zusammengerollte Decke abrollen
- 56 Leckerchen aus einer Röhre schieben
- 58 Weitere Ideen, Plastikflasche am Spieß
- 60 Päckchen öffnen
- 62 Klingel drücken
- 64 Türen öffnen

Nasenarbeit

- 72 Einführung in die Nasenarbeit
- 74 Suche nach Leckerchen, Leckerchen-Suche vom Boden bis zum Schrank
- 75 Leckerchen-Suche unter Decken
- 76 Leckerchen-Suche unter Gefäßen
- 77 Exkurs für andere Sinne – Leckerchen luftdicht verpackt
- 78 Suche nach Gegenständen, Verlieren, verstecken und finden
- 80 Suche nach Gerüchen, Auf der Käse-Fährte
- 82 Suche nach Menschen, In der Kiste, hinter der Kiste

90	Einführung in die Körperarbeit	Körperarbeit
92	Grundsätze, den Hundekörper betreffend	
94	Slalom, In Schlangenlinien um Hindernisse herum	
96	Stangenarbeit, Langsam über Hindernisse	
98	Positionswechsel, Von SITZ zu PLATZ und PLATZ zu SITZ	
100	Trampolin, Alles im Gleichgewicht	
102	Pfote geben, Gib mir Fünf, Spanischer Schritt	
104	Strecken und Dehnen, Streck dich, Kompliment	
106	Dehnung von Nacken- und Rumpfmuskulatur	
108	Auf die Seite legen, Rolle rum, Auf dem Rücken von links nach rechts rollen	
116	Einführung in die Laufarbeit	Laufarbeit
118	Halsband oder Brustgeschirr	
120	Hundemantel	
122	Spaziergang	
125	Am Fahrrad laufen oder joggen	
126	Schwimmen	
128	Spielen	
130	Outdoor-Kopf- und Nasenarbeit, Die Wurstschleppe	
132	Outdoor-Körperarbeit, Kiesel, Sand und Ackerboden	
134	Orthopädische Hilfsmittel	
140	Futtermenge	Belohnung
142	Übergewicht	
144	Auswahl der Leckerchen	
147	Stimmeinsatz	
148	Körperkontakt	
150	Freizeit	
154	Nützliche Adressen	Service
155	Zum Weiterlesen	
150	Register	

ZUM GELEIT

Für eine vertrauensvolle Beziehung

In meinem Alltag als Hundeprofi stelle ich immer wieder fest, dass viele „Probleme" mit unseren Vierbeinern darauf beruhen, dass wir unsere Hunde zu wenig beschäftigen. Und wenn wir das nicht ausreichend tun, suchen sich die Hunde eigenständig Betätigungsfelder, die nicht zwangsläufig unseren Wünschen entsprechen. So zum Beispiel beim täglichen Spaziergang. Viele Menschen beklagen sich darüber, dass sich ihre Hunde im Freilauf zu weit von ihnen entfernen. Sei es einfach aus purer Langeweile oder auch gerne zur Jagd. Wir bauen in unserem Training dann unter anderem darauf, sich für die Hunde interessanter zu machen. Das bedeutet nicht, dass die Hunde von uns „dauerbespaßt" werden müssen. Aber die Besitzer machen sich über gezielt eingestreute Übungssequenzen spannend. Der Hund ist in eine Erwartungshaltung versetzt, dass sein Mensch jederzeit wieder agieren könnte. Er bleibt aufmerksam. Die Beziehung wird nachhaltig gefestigt.

Die Gesundheit im Blick

Um Beschäftigung geht es auch in diesem Buch. Allerdings aus einem völlig neuen Blickwinkel betrachtet: der Gesundheit Ihres Hundes! Die beiden Autorinnen Susanne Siebertz und Ilona von Treskow führen sehr erfolgreich eine Praxis für Hundephysiotherapie in Düsseldorf. Sie helfen dort täglich Hunden, die am Bewegungsapparat erkrankt sind. Diese Erfahrungen haben sie in dieses Buch eingebracht. Wie kann man einen Hund sinnvoll beschäftigen – eben ohne vollen körperlichen Einsatz? Und noch mehr: Wie gestalte ich das Zuhause und den Alltag, sodass die Vierbeiner möglichst beschwerdefrei alt werden? Das ist selbstverständlich für alle Hunde wichtig und nicht nur für die, die bereits sichtbar erkrankt sind.

Fit bis ins hohe Alter

Ich persönlich bin mit meiner inzwischen 14-jährigen Hündin Mina, die unter einigen altersbedingten „Zipperlein" leidet, selbst in der Situation, mich stets zu fragen „Was kann sie noch?" bzw. „Was sollte sie auf jeden Fall noch?"

Für mich ist dieses Buch alleine schon deshalb ein lesenswertes, da es zum individuellen und partnerschaftlichen Umgang mit den Hunden beiträgt und es ein Bewusstsein dafür schafft, dass wir Menschen selber sehr viel dazu beitragen können, dass unsere Hunde bis ins hohe Alter fit bleiben, oder es wieder werden …

Viel Spass beim Lesen

Auszug über „Hundesport" aus dem Tierschutzgesetz:
„Sportausübung ist nur mit Hunden zulässig, die hierfür physiologisch und psychologisch geeignet sind. Durch die Sportausübung darf keine Beeinträchtigung des Gesundheitszustandes des Tieres erfolgen."

GEDANKEN ZUM HUNDESPORT

Das Angebot an Hundesportarten ist fast unüberschaubar. Von den Klassikern wie der Vielseitigkeitsprüfung bis hin zu modernen Möglichkeiten wie dem Mantrailing, das bisher wenig Verbreitung in Deutschland erlangt hat. Einige davon sind sehr rassespezifisch etabliert wie zum Beispiel das Dummy-Training für die Retriever oder das Coursing für die Windhunde, andere sind sehr offen angelegt wie Obedience. Auch der Grad des körperlichen Einsatzes differiert, ist aber in der Regel sehr hoch, da Hunde zu körperlichen Höchstleistungen in der Lage sind und entsprechend gefördert werden.

Von Mantrailing bis Obedience

Viele Hundebesitzer trainieren mit ihren Hunden, um sie rassespezifisch zu beschäftigen. Zum Beispiel in der Wasserarbeit für Neufundländer oder den Hütewettbewerben. Einige trainieren, um den Gehorsam und die Bindung zu vertiefen. Und natürlich soll es allen Beteiligten Spaß machen und das Ergebnis ein zufriedener Vierbeiner sein.
Dagegen ist aus Sicht der Hundephysiotherapie nichts einzuwenden – bei gesunden Hunden. Wenn man dem Hund von Anfang an auch Alternativen bietet, damit er an mehreren Dingen Spaß gewinnt. Und nicht irgendwann psychisch in ein Loch fällt, wenn er körperlich zu seinem Lieblingshobby nicht mehr in der Lage ist.

Mit Freude dabei

Bei bereits am Bewegungsapparat geschädigten Hunden oder Hunden aus Risikogruppen (besonders großwüchsig, besonders langer Rücken und Ähnliches) sind die meisten Hundesportarten leider keine gute Idee.

Ernst wird es, wenn Wettkämpfe oder Prüfungen im Vordergrund stehen. Dann ist der Ehrgeiz geweckt. Insbesondere, wenn sich zeigt, dass ein Hund erfolgreich startet. Nicht umsonst hagelt es bei solchen Veranstaltungen Pokale. Das kann zu einer Leidenschaft werden, in der Hunde zur Ausübung einer bestimmten Sportart angeschafft und, falls sie den Leistungsanforderungen nicht genügen, wieder abgeschafft werden. Der Ehrgeiz lässt den treuen Gefährten zum Sportgerät werden. Und dabei geht mancher mit seinem wertvollen Satz Golfschlägern pfleglicher um … denn die akute Verletzungsgefahr beim Hundesport ist groß. Noch kritischer sind allerdings die Verschleißerscheinungen, die schleichend auftreten. An die damit einhergehenden Schmerzen gewöhnt sich der Hund. Er erträgt sie und wird sie nicht offensichtlich zeigen. Bis es irgendwann zu viel wird und zum Beispiel Lahmheiten auftreten. Dann werden manchmal Trainingseinheiten zur Schonung ausgelassen oder entsprechend Schmerzmittel verabreicht, damit der Hund zum Wettkampf wieder „fit" ist. Statt den Ursachen auf den Grund zu gehen und den Hund sorgfältig zu therapieren oder sogar aus dem Sport zu nehmen. Das gilt selbstverständlich auch für das intensive Trainieren ohne das Absolvieren von Wettkämpfen oder Prüfungen. Auch hier gilt es, ausreichend Pausen einzuhalten, in denen der Hundekörper Zeit hat zu regenerieren. Deshalb empfiehlt es sich, nicht öfter als zwei bis drei Mal in der Woche zu trainieren.

Wenn der Ehrgeiz siegt …

Was bei uns im Übrigen normal ist, ist im Hundesport nicht weit verbreitet: das Auf- und Abwärmen! Mindestens zehn Minuten traben und ein paar Sprints kurz vor dem Wettkampf und als fester Trainingsbestandteil sowie nach der Arbeit lockeres Auslaufen sind zu empfehlen.

HAUSARBEIT

MAX, 7 JAHRE ALTER HOVAWART-MISCHLING – MIT HANG ZUR MELANCHOLIE

Max ist ein stattlicher Rüde mit 35 kg. Gegenüber anderen Hunden tritt er selbstbewusst auf. Zuhause wirkt er träumerisch. Er liegt oft nur so rum und schaut seufzend in die Gegend. Schon von klein an ist er irgendwie „anders" gelaufen. Ein bisschen zu viel Popo-Wackeln und Tänzeln wie eine Ballerina. Mit drei Jahren fing er häufiger an, sich die Vorderläufe zu vertreten, er lahmte immer öfter. Die Diagnose: Max leidet an einer mittelgradigen Hüftgelenksdysplasie und hat als Folge der Schonhaltung erste Veränderungen am Rücken und den Ellenbogengelenken entwickelt. Das ist in seiner Gewichtsklasse nicht ungewöhnlich.
Für die Zukunft steht Hundephysiotherapie auf dem Plan – zur Schmerzlinderung und zum Muskelaufbau.

12	Einführung in die Hausarbeit
14	Hunde-TV
16	Treppen
18	Springen
20	Bodenbelag
21	Schlafen
22	Fütterung
24	Körperpflege
26	Haushaltshilfe
28	Spielzeug
30	Gartenarbeit

EINFÜHRUNG IN DIE HAUSARBEIT

Programm für nasskalte Tage

Den Hund zu Hause sinnvoll zu beschäftigen, ist sehr wichtig. Zum Beispiel an Regentagen, an denen man zum x-ten Mal beim Spaziergang durchnässt wird. Oder bei heftigem Wind, niedrigen Temperaturen und ewiger Dunkelheit. Genauso kann es sein, dass Sie selbst einmal nicht fit oder gut zu Fuß sind. Oder Ihr Hund keine weiten Touren mehr schafft. Aufgrund seines Alters und/oder seiner Probleme am Bewegungsapparat. Besonders kritisch sind auch die Leinenzwang-Phasen im Anschluss an eine Operation – gerade für junge Hunde. Die Schmerzsituation ist durch die Eingriffe oftmals gebessert. Das Temperament und der Tatendrang wachsen von Tag zu Tag ...

Alltagsgestaltung

Die Übungen der Nasen-, Kopf- und Körperarbeit sind sehr gut zu Hause durchführbar. Deshalb geht es in diesem Kapitel in erster Linie um die Gestaltung der eigenen vier Wände und den Alltag aus physiotherapeutischer Sicht. Was müssen Sie beachten, wenn Ihr Hund Probleme am Bewegungsapparat hat? Oder noch besser: Damit er keine Probleme bekommt?

Die Sache mit den Ritualen

Darüber hinaus zeigen wir Möglichkeiten auf, wie der Hund, in den normalen Tagesablauf integriert, beschäftigt werden kann. Kleine Anregungen, die zu Ritualen werden können. Das ist bequem, weil ohne großen Aufwand zu realisieren. Denn manchmal ist es einfach so, dass man selbst am Feierabend zu müde ist, um für die Vierbeiner noch ein großes Programm aufzufahren. Bitte setzen Sie sich selbst nicht zu sehr unter Druck. Es kann und muss nicht jeden Tag ein Feuerwerk gezündet werden. Natürlich reicht es unseren Hunden auch oft, wenn sie einfach nur bei uns neben oder auf dem Sofa liegen. Denken Sie zum Beispiel an die vielen großen Hunde von Obdachlosen. Die sind in der Regel sehr ausgeglichen und verträglich. Deren Welt ist absolut in Ordnung. Auch wenn nicht viel passiert. Sie sind einfach nur 24 Stunden am Tag mit ihrer Bezugsperson zusammen.

> Sicher ist es nicht immer möglich, den Haushalt zu hundert Prozent vierbeinertauglich zu gestalten. Aber eines sollte es nie geben: Hunde, die ihre Familie verlieren, weil im neuen Zuhause keine Tiere erwünscht sind. Denn zum Glück gibt es mittlerweile sehr viele Vermieter, die Hundehaltung erlauben.

HUNDE-TV

Bewegte Bilder und Geräusche

Die Deutschen sehen im Durchschnitt mehr als drei Stunden täglich fern. Wie steht es da mit unseren Hunden? Sehen sie auch fern? Von manchen Besitzern total verneint, sind sich andere sicher, dass die eigenen Vierbeiner eine Präferenz für Tiersendungen, Ballett oder Fußball haben (da rennt was auf grünem Grund). Einige Hunde versuchen am Gesehenen zu schnuppern oder suchen das Gegenüber an der Rückseite des Fernsehapparates. Viele reagieren auf die Geräusche. Zum Beispiel auf ein Klingeln an der Haustür. Oder das Blöken von Schafen oder das Miauen von Katzen.

Was Hunde sehen

Forscher haben mittlerweile belegt, dass Hunde grundsätzlich verfolgen können, was auf dem Bildschirm vor sich geht. Das Sehvermögen ist allerdings anders als beim Menschen. Diese Einschränkungen machen das Gesehene für Hunde langweilig bzw. so unangenehm, dass sie meist nur wenig Interesse zeigen. Hunde brauchen zum Beispiel mehr Bilder pro Sekunde als der Mensch, um flimmerfrei zu sehen. Außerdem können sie Objekte, die sich näher als 30 bis 50 cm befinden, nicht scharf sehen. Das erklärt auch, warum manchmal ein Leckerchen, das auf dem Boden vor der Nase liegt, nicht sofort wahrgenommen wird.

Anders ist es, wenn das Leckerchen noch rollt, denn Hunde haben ein ausgezeichnetes Bewegungssehen. Wenn Kaninchen das bewusst wäre, blieben sie sicher einfach nur ganz still sitzen! Denn manche Jagd findet ihr jähes Ende, wenn das Objekt der Begierde stehen bleibt und damit selbst einen routinierten Hetzer aus der Fassung bringt.
Das Farbensehen entspricht im Übrigen dem Spektrum eines Menschen, der rot-grün-blind ist. Denn Menschen haben drei Arten von Farb-Sinneszellen, der Hund nur zwei. Ihm fehlen die roten Bereiche des Farbspektrums.

Als Fazit lässt sich vielleicht sagen, dass es für unsere Vierbeiner spricht, dass sie das Fernsehen nicht als Beschäftigung im großen Stil annehmen. Die meisten sind davon wirklich eher unbeeindruckt. Sie nutzen die Zeit lieber, um fällige Streicheleinheiten einzufordern.

„Reality-TV" bevorzugt

Ganz im Gegensatz zum „Reality-TV" in Form eines Kleintierkäfigs, eines Aquariums oder einer Vogelvoliere. Davor halten es die meisten Hunde stundenlang aus. Ist nur die Frage, wie sich die „Insassen" dabei fühlen?

TREPPEN

Treppauf, treppab

Der Wunsch nach einem ebenerdigen Zuhause lässt sich nicht für alle Familien mit vierbeinigen Mitgliedern erfüllen. Das Leben in Etagenwohnungen oder in Häusern bringt für Hunde das Treppenlaufen auf den Plan. Treppen hat die Natur nicht vorgesehen. Sie sind für keinen Hund ein Gewinn. Aber für Hunde mit Problemen am Bewegungsapparat ein wirklicher Nachteil. Insbesondere die Abwärtsbewegung bringt zusätzlichen Druck auf die ohnehin meist übermäßig belasteten Vorderläufe. Zumal viele Hunde das Tempo aufwärts ganz gut regulieren – ist eben auch anstrengend. Da geht man schon eher mal freiwillig Schritt für Schritt. Aber nach unten wird derart geschossen, dass man sich schon wundert, wieso sich die Lieben nicht öfter dabei überschlagen! Das Abbremsen und langsame Abwärtsgehen ist für den Hund natürlich anstrengender als die Schussfahrt! Dabei wäre es für die Gelenke absolut wichtig, dass es auch abwärts kontrolliert Schritt für Schritt geht. Bitte unbedingt üben. Zum Beispiel durch das Halten am Brustgeschirr.

Vorsicht Sturzgefahr!

Generell sollte Treppenlaufen möglichst vermieden oder zumindest weitestgehend eingeschränkt werden. Zum Beispiel mit einem Gitter an der Treppe, das sonst für den Schutz von Kleinkindern Verwendung findet. Damit der Hund nicht jedes Mal mit rauf- und runtergeht, wenn ein Familienmitglied die Etage wechselt.

Tragehilfen

Hat der Hund aufwärts aufgrund einer Hinterhandschwäche Probleme, kann man ihn durch Hilfsmittel wie einem Handtuch oder einem Schal um den Bauch stützen. Es gibt auch Tragehilfen, mit denen Lawinenhunde zu ihrem Einsatzort getragen werden, die man für das Treppensteigen nutzen kann.
Im Idealfall kann man den Hund tragen, insbesondere Welpen und Junghunde im Wachstum. Dies ist sicherlich nur bei einem entsprechenden Gewichtsverhältnis Hund zu Besitzer und bei eigener Gesundheit möglich. Das heißt aber natürlich nicht, dass ein Welpe nie Treppen gehen darf. Er sollte selbstverständlich lernen, sie zu bewältigen, damit man nicht irgendwann seine 80 kg schwere Dogge jede Bordsteinkante rauf- und runterheben muss.

Ein Hund wohnt im ersten Stockwerk:

1 Treppe	= 12 Stufen
3x täglich hoch und runter	= 72 Stufen
Im Jahr	= 26.280 Stufen
Im Hundeleben (10 Jahre)	= 262.800 Stufen

SPRINGEN

Sprungtalente – nichts für die Gelenke

Hunde springen. Ins Auto. Aufs Bett. Aufs Sofa. Im Spiel. Zur Begrüßung. An Menschen hoch. Täglich und überall. Gesunde Hunde vertragen das in normalen Maßen (5- bis 10-mal am Tag). Manche Hunde vermeiden es von allein, weil es ihnen körperlich schwerfällt. Aber viele sind auch „unvernünftig". Der Übermut und die Freude siegen. Gerade kleine Hunde gebärden sich oft, als wären sie in Wirklichkeit Känguru-Mixe! Ist irgendwie auch verständlich, wenn sie versuchen, für mehr Aufmerksamkeit in unser Gesichtsfeld zu gelangen.
All diese Hunde gilt es zu schützen. Durch Vermeiden. Oder zumindest starkes Einschränken. Sooft es geht.

Hilfsmittel

Dem Einsatz von Hilfsmitteln sind hierbei keine Grenzen gesetzt. Es gibt zum Beispiel Einstiegshilfen für Autos. Oder man stellt ein Höckerchen vor dem Sofa oder dem Bett als Stufe auf. Denn zu klettern ist für den Hund vorteilhafter als zu springen. Beim Springen gilt wie beim Treppensteigen, dass insbesondere bei der Abwärtsbewegung aufgepasst werden muss. Bei Hunden mit überproportional langem Rücken oder bereits vorhandenen Rückenerkrankungen wie zum Beispiel einem Bandscheibenvorfall, sind alle Bewegungen wie Springen oder Männchenmachen im Sitz oder Stand absolut tabu.

Im Hundesport wie zum Beispiel dem Agility geht es nicht ohne Springen. Hindernisse aller Art werden bewältigt. Zu Übungszwecken wählen die Aktiven meist geringere Höhen, um die Tiere zu schonen. Dabei ist die Höhe nicht die entscheidende Komponente, die die Belastung darstellt. Die meisten Hunde überspringen ohne Probleme das 1,5-Fache ihrer eigenen Körperhöhe. Die Geschwindigkeit, mit der gesprungen wird, ist das eigentliche Übel. Umso schneller die Hunde unterwegs sind, desto mehr Schwung müssen sie mit dem Vorderlauf bei der Landung abbremsen. Das führt auf Dauer zu einer Überlastung und Schädigung der Gelenke. Insbesondere in Kombination mit engen Wendungen oder dem Übersteigen der Kletterwände. Also gilt zum schonenden Training: Geschwindigkeit rausnehmen – zum Beispiel über kürzere Distanzen zwischen den Hindernissen. Dabei sollten während einer Trainingseinheit generell nur ca. dreißig Sprünge eingeplant werden.

Sehr kritisch sind aber auch die unglaublich akrobatischen Sprünge beim Hundefrisbee. Wobei hier die Profis eher weniger Schaden anrichten, da sie sehr gezielt und kontrolliert werfen. Im Gegensatz zu manchem Laien, der bewusst spektakuläre Stunts seines Hundes provoziert.

Darüber hinaus gilt: Beachten Sie bei jeder Sportart den Untergrund. Eine über Wochen ausgedörrte Wiese ist zum Beispiel hart wie Beton.

Tempo raus im Hundesport

BODENBELAG

Schnell auf den Pfoten

Was als Bodenbelag im eigenen Zuhause zum Einsatz kommt, ist in den meisten Fällen vorgegeben und damit als unveränderbar zu betrachten. Die Wahl fiele ohnehin schwer. Teppichboden ist sicherlich für die Hunde am griffigsten, aber für manche Vierbeiner zu warm und schwer sauber zu halten. Parkett oder Laminat sind ebenso wie die meisten Fliesen sehr glatt. Damit haben oft insbesondere alte Hunde, die neurologisch beeinträchtigt sind, Schwierigkeiten. Sie laufen unsicher. Das Aufstehen wird zur Schlitterpartie.

Als Hilfe eignen sich zum Beispiel Teppiche an den Lieblingsplätzen oder den „Hauptverkehrsstraßen". Sie sollten am besten waschbar und rutschfest sein. Die meisten Hunde kommen auch gut mit rutschfesten Babysocken oder speziellen Hundeschuhen für den Indoor-Bereich zurecht.

Für Besuche zum Beispiel bei Freunden oder in einem Restaurant können Sie mit einer passenden Decke und einer Übung Ihrem Hund ganz einfach Erleichterung verschaffen.

Ab auf die Decke

Ziel

Ihr Hund sucht einen bestimmten Platz auf und verweilt dort.

Nutzen

Ihr Vierbeiner hat überall einen eigenen Liegeplatz, der ihm vertraut ist und von dem er sicher wieder aufstehen kann. Gerade alte Hunde werden dieses Angebot gerne annehmen. Sie zögern oft, sich auf ungewohntem Terrain abzulegen, weil sie wissen, dass sie nur mühsam wieder hochkommen. Die Decke gibt ihnen Sicherheit.

Für die Gastgeber: Die Hundehaare verteilen sich nicht überall …

Voraussetzung

Hilfreich sind die Signale HIER, PLATZ und BLEIB.

Umsetzung

Wählen Sie eine praktische Decke aus. Das kann zum Beispiel eine rutschfeste Matte aus dem Badezimmergebrauch oder auch ein Vetbed für Hunde mit rutschfester Unterseite sein. Pflegeleicht und gut zu transportieren. Gewöhnen Sie Ihren Hund daran, darauf zu liegen. Zum Beispiel zu Hause an einer Stelle, die er ohnehin bevorzugt. Das kann ganz leicht mit den oben genannten Signalen und mit Leckerchen etabliert werden. Lassen Sie am Anfang Ihren Hund nur kurz liegen und heben Sie das Signal dann zum Beispiel mit LAUF wieder auf. Mit der Zeit können Sie die Zeit dann immer weiter ausdehnen.

Das Gleiche gilt für alle Hunde nach einer Operation an den Gliedmaßen. Damit es nicht beim Aufstehen auf glatten Untergründen zu einem versehentlichen Ausrutschen kommt.

SCHLAFEN

Die Wahl des Schlaf- oder Ruheplatzes ist oft schwer zu beeinflussen. Es gibt viele Rückenpatienten, die trotzdem mit Vorliebe auf Fliesen liegen, den Rücken an der kühlen Wand. Sicherlich wäre warm und weich besser. Ideal sind Schlafplätze mit breiten Rändern, die als Stütze für Kopf und Rücken dienen. Mittlerweile gibt es Hersteller, die sich auf Betten für Hunde mit Gelenkproblemen spezialisieren. Sie verwenden Materialien, die sich dem Körper anpassen. So wird das Körpergewicht im Liegen gleichmäßig verteilt. Aber Vorsicht: Teilweise werden als Füllung Styroporkugeln verwendet. Die passen sich dem Körper zwar an, sind dann aber bretthart. Ist das Material isolierend, können Temperaturen ausgeglichen werden. Zum Beispiel zu viel Wärme durch eine Fußbodenheizung oder ein kalter Untergrund im Außenbereich. Weiche Untergründe minimieren Liegeschwielen. Die entstehen vor allem bei großen, schweren Hunden dadurch, dass diese sich zu schnell ablegen. Manche knallen regelrecht auf ihre Ellenbogengelenke. Das liegt an der fehlenden Kraft, die das langsame Abliegen erfordern würde.

Wie man sich bettet ...

FÜTTERUNG

Die meisten Hunde nehmen ihr Futter wie ein Staubsauger zu sich. Ein Vorgang, der Sekunden dauert. Das ist wirklich schade, wenn man bedenkt, wie wunderbar sich der Hund die gleiche Menge Futter gemeinsam mit seinem Menschen erarbeiten kann. Zum Beispiel bei der Körperarbeit als Leckerchen (siehe S. 90) oder in der Nasenarbeit als Suchobjekt (siehe S. 72).

Der Futter-Kong

Eine gute Alternative zur Fütterung aus einem Napf ist der Kong®. Das ist ein kegelförmiges, unzerstörbares Spielzeug aus Hartgummi. Erhältlich in unterschiedlichen Größen. Er ist innen hohl und hat jeweils ein Loch an der Ober- und Unterseite. Der Kong® wird zum Beispiel mit Trockenfutter gefüllt. Der Hund wird alles versuchen, um an sein Futter zu kommen. Mit der Pfote festhalten, einzeln angeln und lecken, durch die Gegend rollen oder in die Luft werfen. Für den Einstieg und die zurückhaltenden Hunde kann man den Kong natürlich auch sehr gut mit ganz besonderen Dingen wie Schmierkäse oder Leberwurst füllen. Bei den Hartgesottenen und Allesfressern tut es auch mal eine Portion klebriger Reis oder feuchtes Graubrot. Alles ist möglich. Jegliche Mahlzeit lässt sich in dieser Form verabreichen. Auch Frischkost, die sich ja sonst für die Erarbeitung nicht besonders eignet. Der Hund ist damit wunderbar beschäftigt und wird nach seiner Mahlzeit müde und glücklich sein.

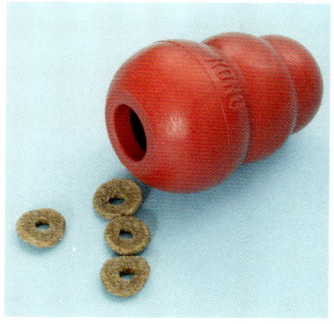

Bälle und Flaschen

Ähnlich funktionieren Hartplastik-Bälle mit einer größenverstellbaren Öffnung. Allerdings wieder nur für Trockenfutter. Oder selbst gemacht: ausgediente Plastikflaschen. Bitte bei der Erarbeitung den Hund – insbesondere, wenn er größer ist – beobachten, damit keine Teile verschluckt werden, falls die Flasche im Überschwang zerbissen wird.
Sowohl beim Kong® als auch bei den anderen Varianten darf es nicht zu wild zugehen. Wird der Hund zu stürmisch, sollte er lernen, den Kong® zum Beispiel nur in seinem Körbchen – also räumlich begrenzt – zu bearbeiten.

Futtersuche

Eine weitere tolle Möglichkeit der sinnvollen Verlängerung einer Mahlzeit gibt es mit Trockenfutter. Man verstreut einfach die komplette Portion auf dem Boden. Der Hund ist ausdauernd damit beschäftigt, sich das Futter zusammenzusuchen. Sabbert er dabei, ist die Beschäftigung eher etwas für den Außenbereich. Bei Mehrhundehaltung sollte man dabei allerdings darauf achten, dass nicht die natürliche Selektion greift: Nur der Schnellste und Stärkste bekommt genug ab. Oder wenn ohnehin Futterneid herrscht, dann sollten die Tiere auf alle Fälle getrennt „beworfen" werden.

Futterposition

Für die Mahlzeiten und das Trinken aus Näpfen ist es gut, wenn Sie eine erhöhte Position – mittels Futterbar, Hocker oder Ähnlichem – anbieten. Sie schonen damit die vorderen Gliedmaßen und den Rücken Ihres Hundes. Falls Ihr Hund bereits Schwierigkeiten hat oder älter ist, wird ihm ein rutschfester Untergrund angenehm sein, damit er standsicherer ist. Manche fangen irgendwann sogar das Fressen im Liegen an. Die gefürchtete Magendrehung ist im Übrigen nach wie vor nicht auf eine bestimmte Futterposition als Ursache zurückzuführen.

KÖRPERPFLEGE

Ein lästiges Kapitel. Dabei sind viele Hunde bereits von Haus aus Profis. Regelmäßige Friseurbesuche stehen auf dem Plan. Bemerkenswert ist dabei, dass immer mehr Friseure nicht nur den Schnitt gemäß Rassestandard im Blick haben, sondern das Wohl des Tieres. Warum nicht einfach einen alten, herzkranken Golden Retriever im Sommer von seiner Wolle befreien? Oder einen klapprigen Terrier mal nur schnell mit der Maschine scheren als stundenlang zu zupfen? Oder einem Hütehund mal ein bisschen die Front ausdünnen, damit er einen Blick auf die Umwelt werfen kann?

Bürsten

Manche Vierbeiner ergreifen beim Anblick von Kamm oder Bürste regelrecht die Flucht. Verständlich – denn oft ist die Prozedur tatsächlich sehr unangenehm. Das liegt oft daran, dass der Hund nicht richtig herangeführt wurde, und an der Geschwindigkeit, mit der durch das Fell geziept wird. Mit energischen Strichen. Dabei wird es nicht besser, wenn der Hund zappelt und sich wehrt, wenn man wie ein Tornado durch sein Fell fegt. Um die Situation zu entschärfen, könnte man es mal ganz langsam und vorsichtig versuchen. Vielleicht unterstützt von einer zweiten Person, die gleichzeitig ein paar Leckerchen anbietet.

Durch die Hölle gehen viele Hunde erst recht beim Baden. Von Vorteil ist es hier, wenn der Akt möglichst häufig „trocken" geübt wird. Eine rutschfeste Matte, damit die Pfoten Halt in der Wanne finden, kann ebenfalls die Not lindern. Zum Glück ist ein Vollbad für Hunde nur sehr selten fällig. Auch gut fürs Badezimmer und die anschließend fällige Renovierung. Man könnte fast ganz darauf verzichten, wenn es nicht Experten gäbe, die sich beim Spaziergang gerne mal mit Aas-Geruch für uns schmücken. Das Schütteln kann man im Übrigen durch das rechtzeitige Auflegen eines Handtuches etwas eingrenzen.

Dagegen verdanken wir es unserer Witterung, dass fast nach jedem Spaziergang der ganze Hund oder zumindest die Pfoten abgetrocknet werden müssen. Für viele Hunde ist das meist eine doofe Pflichtübung. Das Signal STEH minimiert die Zappelei und die Fluchtversuche. Es verhindert aber nicht, dass die Hunde sich unwohl fühlen und oftmals aus der Wäsche schauen, als würden sie regelmäßig mit Handtüchern geprügelt. Wenn das bei Ihnen der Fall ist, achten Sie mal darauf, dass Sie sich beim Abtrocknen mit Ihrem Körper nicht zu extrem über den Hund beugen. Das wirkt bedrohlich. Besser und für Sie selbst rückenschonend ist es, wenn Sie neben dem Hund in die Knie gehen. Ganz besonders wichtig für am Bewegungsapparat erkrankte Hunde ist, dass an den Beinen nicht zu extrem in alle Richtungen gezogen wird. Das kann sonst schmerzhaft sein.

Baden

Abtrocknen

Eins, zwei, drei – Füße heben

Alle Pfoten werden nacheinander auf Signal vom Hund angehoben.

Das Notwendige mit dem Angenehmen verbinden.

Hund kennt das Signal STEH.

Die Pfoten werden immer in der gleichen Reihenfolge angehoben. Vorsichtig. Laut mitzählen: 1, 2, 3, 4. Loben, sobald die richtige Pfote selbstständig gehoben oder zumindest das Gewicht passend verlagert wird. Wie in der Reiterei mit den Pferden: Diese sind die Reihenfolge beim täglichen Hufeauskratzen gewohnt und heben den nächsten Huf passend an.

Wenn die Übung gut beherrscht wird, macht sie auch in anderen Situationen Spaß. Im Dog Dancing als Steppen. Oder als Zeichen für ungeduldiges Warten.

Für den älteren Hund gilt: Die vorderen Pfoten im Sitz geben lassen. Oder bei der Übung am Bauch stützen, wenn das Stehen allein zu anstrengend ist.

Ziel

Nutzen

Voraussetzung

Umsetzung

Besonderheit

Variante

HAUSHALTSHILFE

Selten gibt es so große Diskrepanzen zwischen den Wünschen von Hund und Halter wie beim Einsatz als Haushaltshilfe. Der Hund sieht sich eher als Lebensmittelverwerter, quasi als Biotonne. Der Mensch dagegen würde sicherlich Halleluja rufen, wenn der Vierbeiner ein einziges Mal hinter seinen Pfotenabdrücken herwischen würde. Dazwischen gibt es selbstverständlich eine große Schnittmenge – die bestmögliche Integration des Vierbeiners in Ihren Alltag.

Wäsche sammeln

Die Grundlagen werden in der Kopf- oder Nasenarbeit gelegt. Zum Beispiel das Konditionieren auf Wäschestücke, die eingesammelt werden. Etwas angenehmer ist das mit gebrauchten Kleidungsstücken, die zur Waschmaschine getragen werden, als mit frischer Wäsche auf dem Weg zum Kleiderschrank. Insbesondere, wenn ein Hund ein Sabberproblem hat. Socken und Schuhe kommen als Objekte nur infrage, wenn nicht ohnehin ein zerstörerisches Augenmerk darauf gefallen ist. Also auf gar keinen Fall bei Welpen!

Schlüssel tragen

Die Hilfe bei der Suche nach Gegenständen beschränkt sich auf dafür geeignete Dinge, wenn es um das Heranbringen geht. Also eher auf Autoschlüssel im Etui und Handy mit Schutzhülle als auf eine Lesebrille. Wenn der Hund den Fund zum Beispiel über Bellen oder Vorsitzen vermeldet, kann man das Thema beliebig ausweiten.

Abfallentsorgung

Eine weitere Möglichkeit ist die Abfallentsorgung. Gemeint sind nicht Essensreste, sondern zum Beispiel leere Milchtüten, die zur entsprechenden Tonne gebracht werden. Oder sonstige Verpackungen sowie das Altpapier. Das Öffnen der Mülleimer ist allerdings ausschließlich Chefsache. Versteht sich von selbst.
Umgekehrt kann genauso die Post in die Wohnung oder das Haus gebracht werden. Dann hätte die Flut an Werbematerial endlich mal Sinn. Das verbessert vielleicht auch das angespannte Verhältnis zum Briefträger.

Vorsicht beim Angeln von Gegenständen aus mit Wasser gefüllten Eimern. Das ist eine sehr schöne Übung überall, wo es nass werden darf. Aber der Spaß endet schnell, wenn der Hund voll Stolz einen Lappen aus Ihrem Putzeimer gefischt hat und Ihnen den tropfend durch das ganze Haus nachträgt. Also generell bei allen Übungen bedenken: Was kann passieren, wenn Ihr Vierbeiner zu viel Eigeninitiative an den Tag legt? Deshalb sollten die Übungen gemeinsam stattfinden und nach Ansage durch den Menschen beginnen.

SPIELZEUG

Von Plüschbär bis Gummihuhn

Es gibt Spielzeug aller Art, in sämtlichen Farben und Formen. Stofftiere, Gummitiere mit oder ohne Quietschi, geflochtene Seilknoten, Bälle in allen Größen ... Für viele ist aber auch eine mächtige Stock- oder Steinsammlung das Tollste. Manche Hunde zerstören alles und setzen damit immer neue Maßstäbe für das Gütesiegel „unzerstörbar". Andere kauen stundenlang glücklich auf ihrem aktuell auserkorenen Lieblingsstück herum. Zum Glück sind die meisten Sachen ja auch waschbar. Wiederum andere schleppen ein Teil nur zur Begrüßung an und horten es ansonsten in ihrem Lager. Viele verteilen ihre Sammlung munter überall – ohne jemals wieder aufzuräumen. Einige entwickeln Rituale wie ein allabendliches Anschleppen eines Spielzeugs als ultimative Jetzt-geht-es-los-Aufforderung.

Auswahl

Vorsicht bei der Spielzeugauswahl. Stöcke können beim Fangen oder Zerbeißen zu erheblichen Verletzungen im Maul führen. Steine werden häufig verschluckt und schaden den Zähnen, ebenso wie Tennisbälle. Plastik kann zerbissen und verschluckt werden, ebenso Kleinteile von Stofftieren. Es kann zu einem Darmverschluss kommen, der operativ behoben werden muss. Wenn es dafür nicht zu spät ist.

Es ist sinnvoll, wenn zumindest nicht alle Spielsachen ständig frei verfügbar sind. Dadurch kann der Hund das Interesse daran verlieren. Eine knappe Ressource ist viel spannender.

Das im Kapitel Kopfarbeit beschriebene Konditionieren auf Gegenstände (siehe S. 44) kann selbstverständlich mit dem vorhandenen Spielzeug ausgeweitet werden. Mit ein bisschen Geduld und intensivem Training ist sogar die hohe Kunst möglich: Der Hund lernt, das Spielzeug in eine dafür vorgesehene Kiste aufzuräumen.

Die immer vielfältigeren und komplexeren Holzspielzeuge als Beschäftigung machen in erster Linie Sinn, wenn gemeinsam mit dem Hund damit gearbeitet wird – vom ersten Heranführen bis zum Perfektionieren. Natürlich gibt es immer Kandidaten, die die Anforderungen blitzschnell durchschauen und sofort an alle versteckten Leckerchen herankommen. Aber es gibt zu fast allen Spielen auch die Möglichkeit, sie zu verfeinern. Zum Beispiel im Sinne der Nasenarbeit: Erst mal erschnüffeln, wo überhaupt etwas versteckt ist. Oder die vorhandenen Schieber nach Leerung wieder schließen – für ein weiteres Leckerchen.

Holzspielzeug mit Schiebern

Ihr Hund kann mit der Schnauze oder Pfote einen Holzschieber bewegen.

Ihr Hund hat keine Probleme an der Halswirbelsäule und an den Vorderläufen.

Holzspielzeug Dogbrick®

Füllen Sie die einzelnen Fächer im Dogbrick® mit Leckerchen und bedecken Sie diese wieder mit den Holzschiebern. Fordern Sie Ihren Hund zum Beispiel mit dem Signal SUCH auf, in Aktion zu treten. Als Hilfestellung können Sie durch das Bewegen der Schieber zeigen, dass sich darunter etwas befindet. Bei stürmischen Hunden empfiehlt es sich, das Dogbrick® festzuhalten. Der Kandidat merkt sonst sehr schnell, dass er durch einen mächtigen Pfotenhieb das ganze Brett bis zur nächsten Wand fegen kann, durch den Aufprall mehrere Schieber gleichzeitig geöffnet werden und die Leckerchen dabei herausfallen. Eine sensiblere Umgangsform ist erstrebenswert.

Im Rahmen der Nasenarbeit kann der Hund dahingehend trainiert werden, dass er nur ausgewählte Schieber öffnet, hinter denen sich zum Beispiel ein bestimmter Duftträger verbirgt.

GARTENARBEIT

Gestaltungs-ansichten

Ein eigener Garten ist der Traum jedes Hundebesitzers! Das stimmt sicher zum Teil, weil er uns ein paar Dinge bequemer macht. Zum Beispiel die letzte Abendrunde, die der Hund mal eben schnell im eigenen Grün erledigt. Oder ein nächtliches Durchfalldrama in fünf Akten. Sehr, sehr sinnvoll. In Sachen Beschäftigung ist es leider nicht so leicht, die Aufgabe an den Garten zu delegieren. Denn leider kommen die Hunde draußen nicht immer auf die von uns gewünschten Ideen. Selbst territorial wenig ambitionierte Vertreter fangen irgendwann an, das Grundstück lautstark zu verteidigen. Und die meisten Hunde entwickeln sehr viel Geschick in Gartenbauarchitektur. Auch wenn sie dabei einen sehr eigenen, eher minimalistischen bis destruktiven Stil verfolgen. Liebevoll gepflanzte Blumen und Sträucher werden in Windeseile befreit. Tiefe Löcher werden auf der Suche nach verborgenen Schätzen gegraben. Wenn es sich nicht um einen ausschließlichen Hundegarten handelt, kann man als Besitzer versuchen, die Buddelleidenschaft auf ein begrenztes Stück zu konzentrieren. Der gewählte Ort, am besten eine Stelle, die für den Hund schon mal interessant war, wird zusätzlich „aktiviert". Über Leckerchen, versteckte Knochen, gemeinsames Graben usw. Ganz besonders toll ist auch die Ausstattung mit Sand – darin wälzt es sich so prima! Der Rest des Gartens ist dann tabu. Hilfreich ist dafür das Signal NEIN! Auch auf einer Terrasse oder einem Balkon lassen sich solche Orte kreieren. In großen unzerstörbaren Töpfen.

Nachbars Katze

Vorsicht heißt es beim selbst gewählten Gartenhobby Jagen. Sicherlich sind die Nachbarskatzen irgendwann schlau genug, nicht mehr quer durch Ihren Garten zu schleichen. Aber Eichhörnchen – so zeigt die Erfahrung – lassen da weniger mit sich verhandeln. Selbst wenn sie einen kranken oder alten Hund haben, wird er im Zweifel alles vergessen und einen Schnellstart hinlegen. Mit eventuell üblen Folgen. So kann man zum Beispiel auf keinen Fall seinen Vierbeiner in der Reha-Phase alleine im Garten lassen, wenn er ansonsten noch unter „Leinenarrest" steht.

Jagd auf Handfeger

Viele Hunde gehen aber ohnehin nur in den Garten, wenn Sie dabei sind. Dann erledigt sich das Thema „unbeaufsichtigter Blödsinn". Wenn es um gemeinsame Beschäftigung geht, bieten sich die Übungen aus der Kopf-, Nasen- oder Körperarbeit an. So kann man den Hund in die eigene Gartenarbeit einbinden, indem er lernt, das nötige Zubehör zu bringen. Oder anfallenden „Müll", wie Zweige, sammelt. Manch einer wird sich auch gerne mit dem Zerkleinern befassen.

31

BAILEY´S ALLTÄGLICHE HUNDERUNDE

Hund trifft Hund

Daheim ist Bailey, ein achtjähriger Gordon Setter-Rüde, der liebste Hund der Welt. Das Gegenteil ist auf Spaziergängen der Fall. Denn leider ist der Rüde nicht der einzige Hund auf unserem Planeten. Und trotz geschickter Orts- und Zeitwahl gelingt es seiner Halterin nicht, alle Begegnungen mit Artgenossen zu verhindern. Wenn sie sich auch schon – der Ruhe wegen – um Minimierung bemüht. Denn sobald ein anderer Hund auftaucht, und besser sie bemerkt ihn zuerst, ruft sie Bailey zu sich und lässt ihn kontrolliert bei Fuß gehen. Teilweise, wenn das Stück etwas länger ausfällt, auch an der Leine. Ansonsten mit der Hand am Brustgeschirr. Das klappt ganz gut, weil Bailey groß genug ist. Sie tut das, weil ihr Rüde nicht jeden Hund mag. Er sucht sie sich nach der eigenen Nase aus. Nicht immer ist erkennbar, nach welchen Kriterien. Auch wenn man ihm – wie allen Hunden – ein gewisses rassistisches Beuteschema unterstellen kann. Wenn er einen Hund nicht „riechen" kann und der ihm zu aufdringlich ist, versucht er ihn zu unterwerfen. Das gelingt ihm bei seiner Größe auch. Er beißt dabei nicht zu, sodass es zu keinen schweren Verletzungen kommt. Aber durch Abwehr- bzw. Drohschnappen kann es zu kleineren Beschädigungen kommen. Abgesehen davon, dass das Getöse natürlich absolut grässlich ist.

Ignoranz unter Gassigängern

Seine Halterin hat nach zahlreichen Hundetrainerversuchen das Thema so gelöst, dass sie die Hundekontakte entschärft, indem sie Bailey frühzeitig zu sich ruft und für den Moment bei sich führt. Denn das Verhalten ist definitiv nicht zu ändern. Alles bestens! Nein. Leider nicht. Denn was hilft es der Frau, wenn sie selbst den Hund zu sich ruft, die anderen Gassigänger ihre Hunde jedoch nicht unter Kontrolle bekommen oder bekommen wollen. Auch nicht, wenn sie um Rückruf des anderen Hundes bittet. Immer wieder ist sie damit konfrontiert, dass sie ihren Hund zurückhält und der fremde Hund mit der Nase am Hintern von Bailey klebt. Was ihn natürlich super stresst!

„Der will ja nur schnüffeln"

Gegenseitige Rücksichtnahme scheint unter Hundebesitzern Seltenheitswert zu haben. Warum? Fehlende Einsicht oder einfach nur kein Gehorsam? Letzteres wäre nicht so schlimm, denn daran kann man arbeiten. Aber nicht, wenn man stattdessen mit unnötigen Bemerkungen ablenken möchte. Angefangen von „Meiner tut nichts" über „Die machen das unter sich aus" bis zu „Kein Wunder, dass der so ist, wenn Sie ihn festhalten". Alles schon tausend Mal gehört. Jedes Gegenüber scheint den eigenen Hund besser zu kennen als man selbst. Alles Experten. Danke. Danke. Danke.

Sicher ist nicht auszuschließen, dass sich die Wut der Besitzerin über die doofen anderen Hundebesitzer auf Bailey überträgt. Und der mit jeder nervigen Begegnung an Aggressivität gewinnt.

KOPFARBEIT

KRETA, 5 JAHRE ALTER QUERBBEET-MIX –
„EIN KLUGER KOPF MIT KAMPFGEIST"

Kreta feiert jedes Jahr zweimal Geburtstag. Der erste Tag erinnert daran, dass ihn seine Besitzerin während ihres Urlaubs in einer Plastiktüte gefunden hat. Ohne groß zu überlegen, wurde das Bündel, das mehr aus Würmern als aus Hund bestand, mitgenommen. Das zweite Fest gilt dem Moment, als Kreta nach ca. einem Jahr in seiner neuen Heimat einen Autounfall schwer verletzt überlebt hat. Tage lag er nur da – mit schweren Prellungen, Quetschungen und Schürfwunden. Dann wurde deutlich, dass das Trauma auch das Rückenmark im Lendenwirbelbereich betraf. Kreta war an den Hinterläufen gelähmt. Weitere Untersuchungen ergaben, dass eine Operation zur Verbesserung des Zustands nicht möglich war. Intensive physiotherapeutische Maßnahmen wurden eingeleitet. Die Besitzerin verlor nie die Geduld und nahm kleinste Veränderungen positiv auf. Nach einem Jahr war es soweit, dass Kreta wieder laufen konnte. Heute sieht nur noch, wer es weiß, was er hinter sich hat.

38	Einführung in die Kopfarbeit
40	Wie Hunde lernen
42	Grundsätze
44	Konditionierung
46	Ziehen
52	Schieben
58	Weitere Ideen

EINFÜHRUNG IN DIE KOPFARBEIT

Unter Kopfarbeit verstehen wir alle Übungen, bei denen der Hund ein Problem lösen bzw. Ideen entwickeln muss. Er muss nachdenken, wie er zu einem gewünschten Ziel (zumeist Futter) gelangt. Das ist für den Hund erst einmal ungewohnt. Normalerweise löst er Aufgaben durch den Einsatz seiner Sinne oder seiner Kraft. Damit kommt er hier nicht sehr weit.
Er muss verschiedene Lösungswege ausprobieren, neue Verhaltensmuster und Bewegungsabläufe etablieren.
Kopfarbeit ist für jeden Hund in jedem Alter geeignet.

Lernfähigkeit

Durch diese Aufgaben wird der Hund mental gefordert und zudem trainiert. Die Aktivität im Gehirn nimmt zu. Es werden ständig neue Verknüpfungen im Gehirn gebildet. Sie werden wahrscheinlich feststellen, dass Ihr Hund nach einigen erfolgreich gelösten Problemen mit der Zeit immer schneller und routinierter im Bewältigen von neuen Aufgaben wird. Die Lern- und Konzentrationsfähigkeit des Hundes nehmen zu. Er wird Zusammenhänge auch im normalen täglichen Umgang schneller begreifen.

Endlich müde

Kopfarbeit steht jedoch nicht nur unter dem Motto der „Intelligenzsteigerung". Sie können mit Ihrem Hund jede Menge Spaß haben und eine tolle gemeinsame Zeit erleben. Ihr Hund wird nach einer Einheit ausgeglichen sein. Und was gibt es Schöneres als einen glücklichen und zufriedenen Begleiter, der schnarchend zu Ihren Füßen liegt? Dabei ist der Hund ermüdet ohne großen körperlichen Einsatz.

Durch diese gemeinsam verbrachte, intensive Zeit werden zudem die Bindung und das Vertrauen des Hundes zu Ihnen gestärkt, was auch im Hinblick auf das Thema Gehorsam von Vorteil ist. Darüber hinaus wird Ihr Hund durch die positive Bestätigung an Selbstvertrauen gewinnen. Das ist dann erst recht wichtig, wenn er unter körperlichen Beschwerden leidet. Die Hunde nehmen nämlich sehr wohl wahr, ob sie voll auf der Höhe sind oder abbauen.

Bindung und Selbstvertrauen

Ein weiterer positiver Aspekt ist, dass ein Hund, der von Ihnen beschäftigt wird, sich keine eigenen Aufgaben sucht. Wie zum Beispiel das Klauen von Lebensmitteln oder das Umgestalten der Wohnungseinrichtung.

Besonders aufgekratzte, nervöse Hunde werden auf die Dauer ruhiger und konzentrierter durch die Kopfarbeit als durch Actionspiele, die eigentlich zur Ermüdung gedacht sind, aber welche den Hund nur zusätzlich aufputschen. Durch das Simulieren von Jagdsituationen (wie zum Beispiel dem Bällchenwerfen) setzt der Hund Adrenalin frei. Das Adrenalin braucht dann oft Tage, um sich wieder abzubauen. Wenn man seinem Hund also dreimal täglich beim Spaziergang 50-mal den Ball wirft, hat der Körper gar keine Möglichkeit, das in Massen produzierte Adrenalin wieder abzubauen, da ständig neues hinzukommt. Der Ball-Junkie läuft also permanent unter Hochspannung. Und diesen Hund bekommt man auch nicht müde, indem man 100-mal den Ball wirft. Im Gegenteil. Von den Überlastungsfolgen für den Bewegungsapparat mal ganz abgesehen.

Besser Kopfarbeit als Actionspiele

WIE HUNDE LERNEN

Lernen bedeutet, dass der Organismus über alle seine Sinnesorgane Informationen aus seiner Umwelt aufnimmt und sie hauptsächlich im Gehirn verarbeitet, abspeichert und zur Abrufbarkeit bereithält. Der eigentliche Prozess des Lernens bedeutet, dass der Hund sein Verhalten aufgrund der zentralen Verarbeitung dieser Signale verändert bzw. anpasst. Lernen findet immer statt.

Erfolgreich lernen

Der Hund lernt durch Erfolg und Irrtum („try and error"), Wiederholung, Bestätigung und Nachahmen. Wobei nur das nachgeahmt wird, was sinnvoll erscheint. Verhaltensweisen, mit denen der Hund Erfolg hat, haben einen belohnenden Effekt. Der Hund wird diese in Zukunft öfter zeigen als solche, mit denen er keinen Erfolg und somit auch keine Bestätigung herbeigeführt hat. Die Bestätigung ist die angenehme Konsequenz, die während eines Verhaltens auftritt. Im Rahmen dieses Lernprozesses bilden sich im Gehirn neue, neurobiologische Verknüpfungen.
Jeder Hund lernt anders. Das Lernen ist abhängig von unterschiedlichen Faktoren wie Alter, Rasse, Charakter, Umgebung, Vorbildung usw.
Jüngere Hunde lernen in der Regel etwas schneller als ältere. Die ersten Wochen und Monate sind für die Welpen bekanntermaßen im Rahmen der Prägung ausschlaggebend.

Jeder Hund ist anders

Die Rasse spielt eine sehr große Rolle, denn die verschiedenen Hundearten (Jagdhunde, Hütehunde, Herdenschutzhunde, Apportierhunde, Schoßhunde usw.) sind genetisch unterschiedlich disponiert. Je nach Veranlagung werden die Hunde anders an das Lösen von Aufgaben herangehen. Der Retriever wird beispielsweise versuchen, alles zu apportieren oder grobmotorisch umzustoßen (wenn Essbares zu erahnen ist); der Collie wird in hohem Tempo verschiedene Lösungsansätze bieten; der Deutsch Drahthaar wird schnüffeln, was das Zeug hält; der Rhodesian Ridgeback distanziert den Quatsch beäugen usw. Trotzdem kann man sagen, dass jeder Hund im Prinzip alles lernen kann. Je nach Art der Aufgabe wird mal der eine, mal der andere schneller sein und auch mit unterschiedlichem Eifer bei der Sache sein. Natürlich ist auch der individuelle und nicht nur der rassespezifische Charakter ausschlaggebend. Geht ein Hund neugierig oder eher vorsichtig auf etwas Fremdes zu?

Lohnende Alternativen

Die Umgebung, in der ein Hund lernt, sollte anfangs möglichst reizarm sein. Damit der Hund in seiner Konzentration nicht abgelenkt wird.
Im Lernprozess ist für den Hund unbedingt Frustration zu vermeiden. Für unerwünschtes Verhalten, das Sie abbrechen, sollten Sie ihm immer eine lohnende Alternative anbieten.

Beispiel 1

Ihr Hund findet auf einer Wiese einen Kaninchenknochen. Wenn Sie ihm den Knochen einfach nur wegnehmen, lernt er dabei, dass er nächstes Mal schneller mit der Beute verschwinden muss. Machen Sie einen Deal mit ihm. Wenn er Ihnen den Knochen überlässt, bekommt er dafür ein tolles Leckerchen.

Zur Begrüßung springt Ihr Hund an Ihnen hoch. Sie ignorieren dieses unerwünschte Verhalten, indem Sie nicht reagieren und vor allem keinen Augenkontakt aufnehmen. Wenn er das Springen nicht einstellt, drehen Sie sich weg. Sobald alle vier Pfoten auf dem Boden bleiben, wird er sofort gelobt und damit bekommt er die gewollte Aufmerksamkeit. Nur bitte nicht so überschwänglich, dass er vor lauter Freude wieder an Ihnen hochspringt!

Beispiel 2

GRUNDSÄTZE

Bitte beachten Sie ein paar Dinge, damit die Kopfarbeit auch allen Beteiligten Spaß macht.

1. Sie sollten am Anfang mit kleinen Übungssequenzen von ein paar Minuten beginnen. Sobald der Hund müde wird, lässt die Konzentration nach. Es schleichen sich Fehler ein. Dann wäre das Risiko der Frustration sehr hoch. Die Dauer der Übungssequenzen kann langsam gesteigert werden. Wenn der Hund schon ein „routinierter Spieler" ist, schafft er vielleicht eine halbe Stunde, aber dann lässt auch bei ihm die Konzentration vermutlich nach.

Übungsdauer

2. Falls Sie bemerken, dass eine Aufgabe zu schwierig ist oder die Konzentration nachlässt, gehen Sie einen Schritt zurück. Lassen Sie den Hund noch einmal die letzte schon gelöste Aufgabe wiederholen, loben Sie ihn überschwänglich und beenden dann die Sequenz.

Wiederholung

3. Falls Ihr Hund jedes Mal an der gleichen Stelle der aufzubauenden Übungen „hängt", ist er nicht unbedingt wieder müde und unkonzentriert. Vielleicht liegt der Fehler dann bei Ihnen. Sind Ihre Signale wirklich eindeutig?

Eindeutige Signale

4. Beginnen Sie mit sehr einfachen Übungen und loben Sie Ihren Hund schon für kleine Erfolgserlebnisse. Auch der Schweregrad der Übung sollte zur Vermeidung von Frust nur langsam gesteigert werden. Es sei denn, Ihr Hund ist ein Überflieger, der alles schon nach einer Wiederholung langweilig findet. Dann können Sie es natürlich schneller steigern.

Lob

5. Der Hund sollte nicht gerade eine Hauptmahlzeit hinter sich haben. Mit Leckerchen motivieren lässt sich eher der hungrige Hund.

Motivation

6. Lob bzw. die Belohnung sollte immer unmittelbar erfolgen, sonst wird Ihr Hund unter Umständen den Zusammenhang zu der jeweiligen Übung schlecht oder nicht verknüpfen.

Timing

7. Haben Sie Geduld mit Ihrem Hund, er soll Spaß daran haben! Wenn Sie allzu schnell ungeduldig werden, wird Ihr Hund die Übungen nicht als tolle Abwechslung, sondern als Stress empfinden und sich beim nächsten Anlauf eventuell ganz verweigern. Er muss ja auch nicht zwingend zur nächsten „Kopfarbeit-Olympiade" antreten, oder?

Geduld

8. Die Spiele und Übungen auf den folgenden Seiten sind als Anregung zu sehen, lassen Sie Ihrer Fantasie freien Lauf! Im Haushalt findet man viele Dinge, die man für die Kopfarbeit einsetzen kann. Achten Sie bei der Auswahl der Utensilien nur bitte darauf, dass Ihr Hund sich nicht daran verletzen oder Kleinteile verschlucken kann.

Abwechslung

Die Signale für die einzelnen Übungen können während der Arbeit eingeführt werden. Die Worte, die Sie dafür wählen, sind beliebig, sollten sich aber vom Klang her unterscheiden, zum Beispiel: NIMM, BRING, SCHIEB oder ZIEH. Die Worte können jeweils noch mit Gesten unterstützt werden. Sie sollten aber konsequent und unmissverständlich eingesetzt werden. Das Beherrschen der Grundsignale wie SITZ, PLATZ, STEH, BLEIB, NEIN vereinfacht die Übungen.

Sinnvolle Signale

KONDITIONIERUNG

Jedes Ding hat einen Namen

Ziel — Ihr Hund sucht nach Aufforderung einen mit Namen bekannten Gegenstand.

Nutzen — Als Grundlage für viele Übungen und Spiele ist es sinnvoll, den Hund auf einen Gegenstand zu konditionieren.

Voraussetzung — Beherrschen der Grundsignale. Die Übungen können zwar auch ohne Grundsignale durchgeführt werden, es gestaltet sich dann allerdings etwas schwieriger.

Material — Ein weicher und bissfester Gegenstand. Es sollte kein für Ihren Hund bekanntes Spielzeug sein. Und nichts, was Ihr Hund normalerweise auch nicht „bearbeiten" darf – wie zum Beispiel Schuhe.

Umsetzung

Beim Konditionieren ist es notwendig, dass Sie immer den gleichen Ablauf einhalten. Dadurch lernen Hunde sehr schnell neue Gegenstände. Es ist wichtig, die einzelnen Schritte langsam aufzubauen.

Nehmen Sie den Gegenstand (hier einen Stoffpudel), auf den Sie Ihren Hund konditionieren möchten, in die eine und ein Leckerchen in die andere Hand. Halten Sie beides Ihrem Hund so hin, dass sich aus seiner Sicht das Leckerchen hinter dem Gegenstand befindet. Auf diese Weise muss Ihr Hund, um an das Leckerchen zu kommen, den Stoffpudel mit der Schnauze berühren. Sobald er ihn berührt hat, geben Sie ihm sofort das Leckerchen.
Nach ein paar Wiederholungen halten Sie den Gegenstand, ohne Leckerchen dahinter, vor Ihren Hund. Sobald der Gegenstand angestupst oder mit der Schnauze umfasst wird, belohnen Sie. Es folgen ein paar Wiederholungen. Der Pudel sollte jetzt schrittweise immer ein wenig weiter weggehalten werden. Am Anfang befindet er sich zum Beispiel direkt vor dem Körper und später in der Hand am seitlich ausgestreckten Arm.
Berührt Ihr Hund zuverlässig jedes Mal den Gegenstand, können Sie beginnen, einen Namen dafür einzuführen. Bei Berührung sagen Sie dann in diesem Fall PUDEL.
Legen Sie nun den Gegenstand neben sich, Ihr Hund sollte währenddessen an seiner Ursprungsposition verweilen. Wahrscheinlich wird er schon ohne Aufforderung versuchen, den Pudel zu holen, denn er hat ja gelernt, dass dabei ein Leckerchen für ihn herausspringt. Sagen Sie auch weiterhin das Wort PUDEL, anfänglich, sobald Ihr Hund den Stoffhund berührt, später als Aufforderung, dorthin zu gehen und ihn zu berühren bzw. ihn zu nehmen.
Sobald das sicher sitzt, können Sie den Gegenstand immer ein wenig weiter entfernt ablegen. Da Ihr Hund zu diesem Zeitpunkt schon gelernt hat, dass das Ding ein PUDEL ist, können Sie nun das zweite Signal einführen. Dieses ist dem ersten quasi übergeordnet. Es handelt sich dabei um SUCH oder Ähnliches. Kennt Ihr Hund das Signal schon, umso besser. Dann sollten Sie aber darauf achten, dass der Zusammenhang, in dem das Wort benutzt wird, auch der gleiche ist. Sonst lieber auf ein neues Wort ausweichen. Beherrscht Ihr Hund die Übung sicher, können Sie den Gegenstand auch weiter weg verstecken, zum Beispiel in einem anderen Raum. Durch das nun kombinierte Signal SUCH PUDEL wird Ihr Hund aufgefordert, den Gegenstand zu suchen.

Besonderheit

Versteckt man den Gegenstand weiter entfernt, geht hier die Kopfarbeit schon in Nasenarbeit über.

Variante

Den Hund auf unterschiedliche Gegenstände mit unterschiedlichen Namen konditionieren. Oder ihn darüber in den Alltag miteinbeziehen: Wäsche sortieren, aufräumen usw.

ZIEHEN

Ab mit den Bandagen

Ziel
Ihr Hund soll eine Bandage oder Ähnliches von einem Holzstock abwickeln.

Nutzen
Er lernt zuerst einmal neue Verhaltensmuster bzw. Bewegungsabläufe.
Durch diese Übung kann man seinem Hund relativ einfach das Signal ZIEH beibringen.
Die Muskulatur der Halswirbelsäule und Hinterhand wird gestärkt.

Voraussetzung
Ihr Hund hat keine Probleme mit der Halswirbelsäule. Er sollte bereit sein, etwas anderes als Futter zumindest zeitweilig in die Schnauze zu nehmen.

Material
ein etwa ein Meter langer Stock, im Idealfall aus Holz, kann aber auch aus Kunststoff oder Pappe sein und eine etwa zwei Meter lange Bandage oder Mullbinde

Umsetzung
Wickeln Sie die Bandage um den Stock, wobei Sie nach zwei bis drei Umwicklungen je ein Leckerchen mit einarbeiten. Gegen Ende der Bandage können Sie ruhig in jede Umdrehung ein Leckerchen mit einwickeln. Am besten setzen Sie sich hin, legen am Anfang den Stock auf Ihren gespreizten Knien ab und fixieren ihn. Später können Sie den Stock an seinen Enden locker in den Händen halten, sodass er sich beim Abwickeln der Bandage leicht drehen kann. Ihr Hund sitzt oder steht vor Ihnen. Das Ende der um den Stock gewickelten Bandage sollte ungefähr zehn Zentimeter herunterhängen.
Nun halten Sie ein Leckerchen so an das Ende der Bandage, dass Ihr Hund beim Zufassen die Bandage berührt oder sogar in die Schnauze nimmt und etwas daran zieht. Sofort wird er gelobt! Dann warten Sie ab, was Ihr Hund tut oder ermutigen ihn (zum Beispiel mit SUCH) weiterzumachen. Er wird immer gelobt, sobald er an die Bandage stupst. Vielleicht zieht er von selber daran, dann unterstützen Sie ihn, indem Sie selbst den Stock ein wenig rollen, bis das nächste Leckerchen herausfällt.
Sie können auch versuchen, Ihrem Hund das Ende der Bandage mit NIMM in die Schnauze zu geben. Das ist eben immer davon abhängig, was Ihr Hund schon an Signalen kennt. Manche Hunde brauchen einige Zeit, um zu verstehen, wie sie an das Leckerchen kommen. Haben Sie Geduld. Sobald Ihr Hund aber begriffen hat, dass immer, wenn er an der Bandage zieht, ein Leckerchen herausfällt, wird er sehr schnell den kompletten Stock abwickeln. Jedes Mal, wenn Ihr Hund an der Bandage zieht, können Sie das Wort ZIEH einsetzen. Für Fortgeschrittene reicht es, wenige Leckerchen mit einzurollen bzw. am Ende nur noch eines.

Besonderheit
Tut sich Ihr Hund mit der Übung schwer, können Sie ihm die Lösung auch einmal zeigen. Das heißt, Sie ziehen selbst an der Bandage, bis ein Leckerchen herausfällt. Manche Hunde lernen durch Nachahmung leichter.

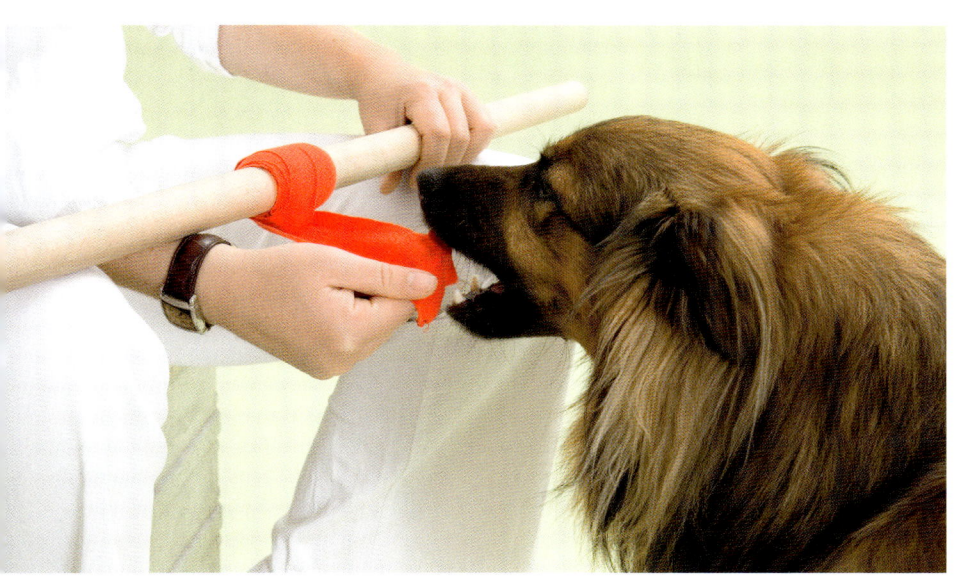

Schubladen und Taschen öffnen

Ziel
Ihr Hund lernt das Öffnen von verschiedenen Aufbewahrungsmedien.

Nutzen
Er lernt zuerst einmal neue Verhaltensmuster bzw. Bewegungsabläufe. Dabei muss er nachdenken, wie er zu seinem Ziel gelangt.
Die Muskulatur des Rückens und der Hinterhand wird gestärkt.

Voraussetzung
Ihr Hund hat keine Probleme mit der Halswirbelsäule. Die Übung mit einer Schublade in einer Kommode ist nur für Hunde mit gesundem Rücken geeignet, da der Vierbeiner eine Zerrbewegung machen könnte.
Er sollte bereit sein, etwas anderes als Futter, zumindest zeitweilig, in seine Schnauze zu nehmen.

Material
ein Schuhkarton, der wie eine Schublade funktioniert
ein breites Band oder eine Kordel

Umsetzung
Bohren Sie in die Vorderseite des Schuhkartons zwei Löcher und stecken dann ein Band hindurch, das mit einer großzügigen Schlaufe verknotet wird. In den Karton legen Sie ein Leckerchen. Dann halten Sie den Karton fest in den Händen, mit der Vorderseite zu Ihrem Hund gerichtet. Nun animieren Sie Ihren Hund, an dem Band zu ziehen. Anfänglich können Sie, um es Ihrem Hund leichter zu machen, gleichzeitig in Gegenrichtung den Karton wegziehen. Sobald der Karton auf ist, kann sich Ihr Hund seine Belohnung nehmen.

Besonderheit
Überlassen Sie Ihrem Hund nicht einfach den Karton, sonst wird er eher versuchen ihn zu zerlegen, um an das Leckerchen zu kommen.

Variante
Sie können die Übung auch mit einer normalen Schublade einer Kommode machen. Die Schublade sollte sich dann in Kopfhöhe Ihres Hundes befinden. Am Griff wird ein breites Band befestigt, an dem der Hund ziehen kann. Eine weitere Variante wäre, den Hund Reißverschlüsse oder Klettverschlüsse von Taschen öffnen zu lassen. In der Tasche befindet sich immer ein Leckerchen und der Hund wird durch das Festhalten der Tasche bei der Übung unterstützt.
Wichtig bei all diesen Übungen ist, dass der Hund nur an der extra für diese Zwecke befestigten Kordel oder dem Band zieht. Damit das Ganze nicht zum Selbstläufer wird ...

Pappröhre mit Schieber

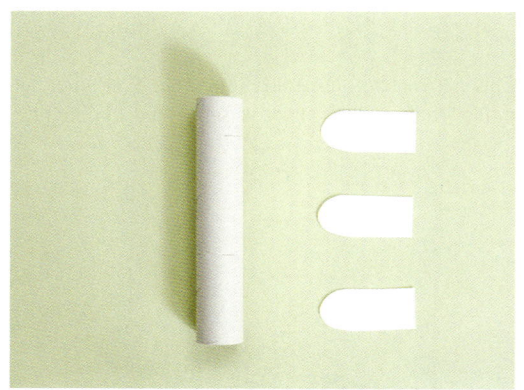 

Ziel Ihr Hund lernt einen Schieber aus einer Pappröhre zu ziehen.

Nutzen Zuerst einmal lernt er neue Verhaltensmuster bzw. Bewegungsabläufe. Er muss nachdenken, wie er zum Ziel gelangt.
Die Muskulatur der Halswirbelsäule wird gestärkt.

Voraussetzung Ihr Hund hat keine Probleme mit der Halswirbelsäule.

Material

eine Pappröhre von einer aufgebrauchten Küchenrolle
ein Stück Pappkarton, aus dem man ein paar Pappschieber (ca. 10 x 3 cm) ausschneiden kann

Umsetzung

Die Pappröhre hochkant halten und drei bis vier waagrechte Schlitze (Breite ca. 3 cm) über die Länge der Röhre verteilt hineinschneiden. Die Schlitze sollten etwas versetzt um die Röhre herum sein, da sonst die Abstände für die Hundeschnauze zu klein sind. Die ausgeschnittenen Pappschieber werden auf einer Seite abgerundet und so in die Schlitze geschoben, dass sie ungefähr mit dem inneren Rand der Röhre abschließen.

Beginnen Sie die Übung mit nur einem Schieber in der Röhre. Pappröhre festhalten und von oben ein Leckerchen hineinlegen. Das Leckerchen liegt somit auf dem Schieber. Ihr Hund soll nun den Schieber aus der Röhre ziehen, um an das Leckerchen zu kommen. Unterstützen können Sie Ihren Hund, indem Sie auf den Schieber zeigen oder an ihm wackeln und dabei das Signal ZIEH geben, wenn Sie es bereits durch andere Übungen etabliert haben. Hat Ihr Hund verstanden, um was es geht, können Sie den Schwierigkeitsgrad, also die Anzahl der Schieber, erhöhen. Oder Sie können Ihrem Hund beibringen, die Schieber in einer bestimmten Reihenfolge zu ziehen.

Besonderheit

Überlassen Sie Ihrem Hund die Pappröhre nie allein, sonst wird er versuchen, sie zu zerbeißen, um an das Leckerchen zu kommen.

Variante

Im Fachhandel gibt es auch Hundespielzeug, das auf diesem Prinzip basiert.

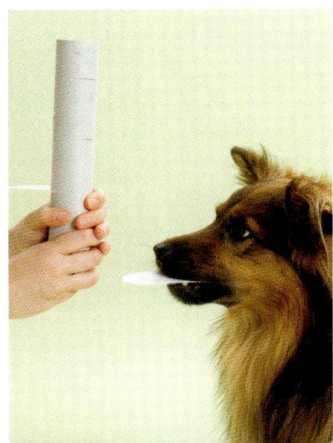
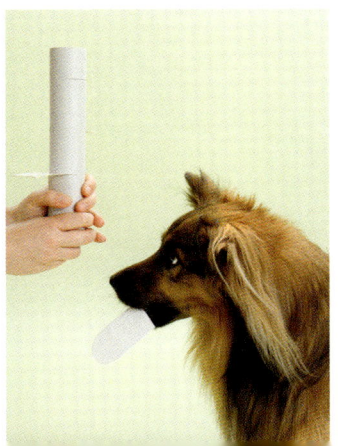

SCHIEBEN

Mit dem Ball durch einen Parcours

Ziel Ihr Hund lernt mit dem Kopf oder der Schnauze, einen Ball durch einen Parcours zu schieben.

Nutzen Ihr Vierbeiner lernt Gegenstände zu schieben. Diese Übung ist sehr gut geeignet, um das Signal SCHIEB einzuführen.
Die Koordination wird geschult. Die Nackenmuskulatur wird gekräftigt.

Voraussetzung Ihr Hund hat keine Probleme an der Halswirbelsäule und an den Vorderläufen. Denn bei dieser Übung geht der Hund anfangs mit weit hinuntergezogenem Kopf und bekommt damit sehr viel Druck auf die Vorderläufe.
Er sollte keine Scheu vor Riesenbällen haben.

Material Stangen, Kisten oder Ähnliches, um einen Parcours anzulegen. Diese werden so hingelegt oder gestellt, dass der Ball durchgeschoben werden kann. Anfangs die Hindernisse als geraden Parcours anlegen, später ruhig auch Kurven einbauen. Darauf achten, dass die Hindernisse eine Höhe von mindestens 20 cm haben, sonst rollt der Ball darüber hinaus.

ein Gymnastikball oder ein großer Wasserball

Ball-Tipp Hunde, die in jeden Ball als Erstes beißen, werden das vermutlich auch bei dieser Übung versuchen. Da ist dann ein großer, stabiler Ball in jedem Fall sinnvoller als ein Gymnastik- oder Wasserball, der sofort kaputtgeht. Im Landwirtschaftsbedarf gibt es sehr stabile Hartplastikexemplare: die Ferkelbälle. Die Ballgröße sollte natürlich dem Hund angepasst sein. Ein Chihuahua wäre mit einem Tennisball sicherlich bereits zufrieden.

Umsetzung

Legen Sie den Ball an den Anfang des Parcours. Ihr Hund wartet ruhig davor. Nun legen Sie einige Leckerchen unter den Ball und rollen diesen ein Stückchen in den Parcours hinein, sodass Ihr Hund die nun frei liegenden Leckerchen erschnüffeln und fressen kann.
Von hinten werden immer weiter Leckerchen unter den Ball gelegt. Sobald Ihr Hund mit dem Kopf den Ball berührt, sagen Sie sofort SCHIEB. Versucht Ihr Hund nicht schon von selbst, den Ball wegzuschieben, können Sie ihm am Anfang noch durch Weiterrollen behilflich sein. Er wird bald merken, dass unter dem Ball immer wieder Leckerchen auftauchen. Um dranzukommen wird er versuchen, den Ball aus dem Weg zu räumen bzw. vor sich herzuschieben. Jedes Mal, wenn er aktiv stößt, geben Sie das Signal SCHIEB.
Zu diesem Zeitpunkt können Sie auch von hinten leicht gegen den Ball drücken, sodass Ihr Hund einen Widerstand beim Schieben spürt. Irgendwann wird er dann das Signal SCHIEB auch ohne Leckerchen unter dem Ball ausführen.
Die Anzahl der Leckerchen sollte mit der Zeit reduziert werden. Nach dem kompletten Durchschieben des Balls durch den Parcours wird der Hund aber auf jeden Fall belohnt!

Variante

Der Hund lernt Gegenstände zu schieben, die sich nicht so leicht rollen lassen wie ein Ball, zum Beispiel Kartons.

Zusammengerollte Decke abrollen

Ziel Ihr Hund lernt eine aufgerollte Decke abzurollen.

Nutzen Dabei stärkt er seine Nacken- und Rückenmuskulatur.

Voraussetzung Ihr Hund hat keine Probleme an der Halswirbelsäule und an den Vorderläufen.

Material eine Decke oder Tuch, Tapete, Küchenpapier
ein breites Band

Die Decke wird zweimal in eine Richtung gefaltet. Dann legt man der Länge nach das Band darauf und ca. alle 15 cm ein Leckerchen. Die Decke wird zusammen mit dem Band und den Leckerchen aufgerollt.

Umsetzung Legen Sie die zusammengerollte Decke mit der offenen Seite vor Ihren Hund. Geben Sie das Signal SCHIEB und zeigen Sie gegebenenfalls durch Ziehen des Bandes und damit Abrollen der Decke Ihrem Hund, wo die Leckerchen sind. Spätere Wiederholungen erfolgen mit weniger Leckerchen. Als Endziel wird nur ein Leckerchen ganz im Innern der Decke versteckt.

Besonderheit Es kann sein, dass Ihr Hund in die Decke beißt, diese versucht wegzutragen oder Ähnliches. Insbesondere wenn Ihr Hund gewohnt ist, in Decken nach versteckten Leckerchen zu wühlen. Fixieren Sie in diesem Fall die Decke an der offenen Kante mit einer Hand am Boden.

Variante Ihr Hund lernt über das Band mit dem Signal ZIEH die Decke abzuwickeln.

Leckerchen aus einer Röhre schieben

Ziel Ihr Hund lernt mit Hilfe einer Stange, etwas aus einem Rohr herauszuschieben.

Nutzen Die Nackenmuskulatur wird gestärkt. Das Koordinationsvermögen geschult.

Voraussetzung Ihr Hund hat keine Probleme an der Halswirbelsäule.

Material Eine Papp- oder Plastikröhre, 4 bis 5 cm Durchmesser (aus dem Baumarkt oder von einer leeren Küchenrolle).
Ein Stab oder eine Stange mit einem etwas geringeren Durchmesser als die Röhre.

Umsetzung Füllen Sie in die Röhre ein paar Leckerchen und schieben Sie den Stab von einer Seite ein Stück in die Röhre.
Halten Sie Ihrem Hund die Röhre mit der Seite des Stabes vor die Nase. Es folgt das Signal SCHIEB. Falls Ihr Hund nicht direkt schiebt, kann die Röhre in Richtung Hundenase bewegt werden, sodass der Stab durch die Hundenase in die Röhre geschoben wird. Dadurch fallen die Leckerchen aus der offenen Röhrenseite heraus. Mit dieser Unterstützung wird Ihr Hund bald selbst den Stab mit der Nase in die Röhre schieben.

Besonderheit Versucht Ihr Hund die Stange aus der Röhre zu ziehen, brechen Sie den Versuch ab. Das Anstupsen der Stange wird hingegen immer bestärkt.

Variante Ihr Hund kann über das Signal ZIEH die Stange herausziehen. Dabei die Röhre schräg halten, damit die Leckerchen herauspurzeln.
Mit dieser Übung sollte erst begonnen werden, wenn Ihr Hund die Signale SCHIEB und ZIEH sicher auseinanderhalten kann. Durch die Verwendung des gleichen Materials führt das sonst zur Verwirrung.

WEITERE IDEEN

Plastikflasche am Spieß

Ziel

Ihr Hund lernt mit Hilfe der Schnauze, einen Gegenstand um eine fest stehende Achse zu bewegen.

Voraussetzung

Ihr Hund hat keine Probleme an der Halswirbelsäule.

Material

eine Plastikflasche
ein ca. 40 cm langer Bambusstab oder Ähnliches

Etwas oberhalb der Mitte der Flasche werden seitlich zwei Löcher gebohrt, durch die ein Stab gesteckt wird.

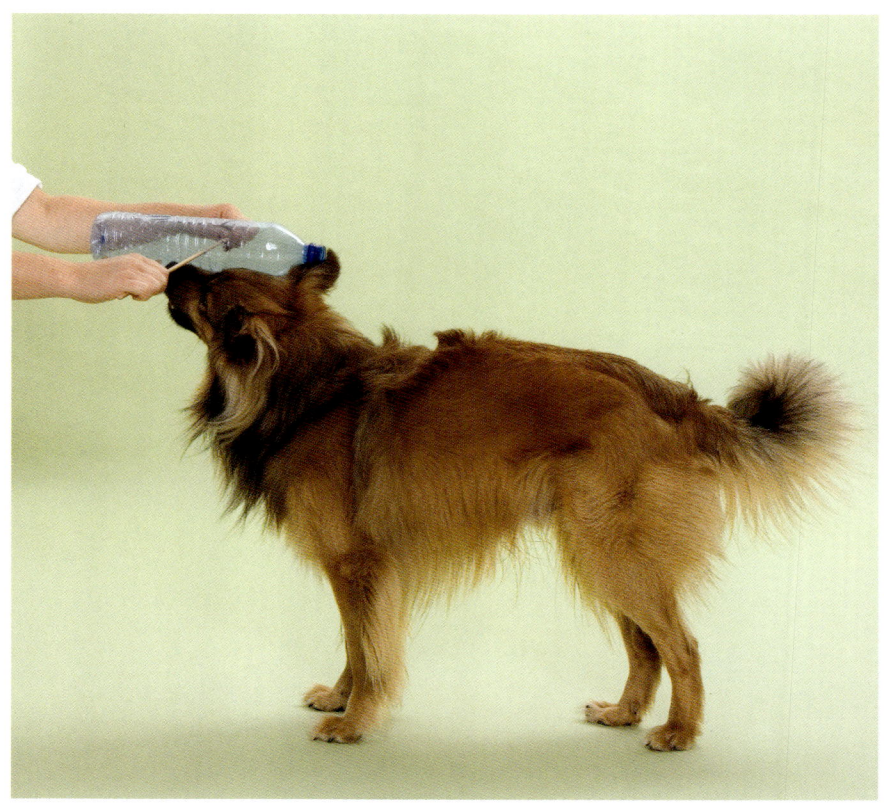

Umsetzung

Füllen Sie in die Flasche einige Leckerchen, die nicht klebrig sind (Käse, Wurst usw.), sondern leicht herausfallen können. Dann halten Sie die Enden des Bambusstabes links und rechts der Flasche fest in Händen. Die Flasche schwingt mit dem Boden nach unten frei am Bambusstab. Nun versuchen Sie Ihren Hund zum Anstupsen der Flasche zu motivieren. Das können Sie durch SUCH oder leichtes Schütteln an der Flasche erreichen. Ziel ist es, dass Ihr Hund durch Druck mit der Schnauze gegen die Flasche diese zum Überschlagen bringt, damit jeweils ein paar Leckerchen herausfallen.
Hilfestellung können Sie auch hier wieder durch Aufzeigen der Lösung geben.

Besonderheit

Versucht Ihr Hund in die Flasche zu beißen oder am Stab zu zerren, brechen Sie den Versuch ab und zeigen ihm die Flasche nach einer kurzen Pause erneut.

Variante

Ihr Hund kann die Flasche auch mit der Pfote schubsen und zur Drehung bringen. Diese Variante ist ein gutes Training für die Muskulatur der Vorderläufe. Bitte mit beiden Vorderläufen üben.

Päckchen öffnen

Ziel
Ihr Hund lernt Verpackungen zu öffnen.

Voraussetzung
Die Übung ist nicht für Hunde geeignet, die das Verpackungsmaterial gnadenlos mitfressen würden.

Material
Packpapier, Zeitung, Pappe, Packband, Hanfkordel oder Ähnliches.
Ein ganz besonderes Leckerchen, am besten trocken und mit starkem Geruch.

Umsetzung
Nehmen Sie zum Beispiel ein Stück Ochsenziemer und wickeln diesen in mehrere Lagen Papier ein. Die meisten Hunde werden von selbst mit dem Auspacken beginnen. Ansonsten muss man wieder etwas Hilfestellung durch Zeigen leisten.

Zum Einstieg ist es auch möglich, normale Leckerchen bereits in den oberen Lagen des Päckchens zu verstecken. Als Zwischenmotivation.
Um den Schwierigkeitsgrad zu steigern, können Sie das Päckchen noch mit Packband zukleben oder mit einer Kordel zubinden.

Besonderheit
Lassen Sie Ihren Hund mit seinem Paket nicht alleine, damit Sie sichergehen können, dass er nur die essbaren Teile des Geschenks verputzt.
Endlich darf Ihr Hund mal seiner „zerstörerischen Ader" nachkommen.

Variante
Bei trainierten Hunden kann man auch weniger stark riechende Sachen verpacken.

Hunde haben ein hervorragendes Gespür für außergewöhnliche Situationen wie zum Beispiel Weihnachten. Die allgemein übliche Festtagshektik versetzt auch die Vierbeiner in Aufregung. Sonderbehandlungen wie Mahlzeiten am/vom Tisch oder üppige Geschenke sind an diesen Tagen für Hunde sicherlich besser zu verkraften als sonst. Denn Ausnahmen als solche können Hunde normalerweise nicht einordnen. Sie orientieren sich besser an eindeutigen, immer gültigen Regeln und Grenzen.

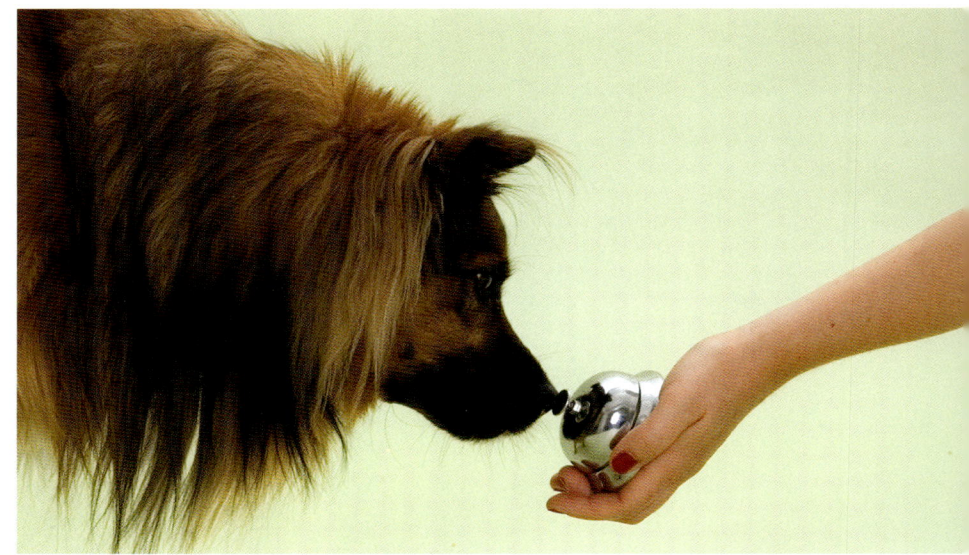

Klingel drücken

Ihr Hund lernt auf Signal, mit der Pfote auf eine Klingel zu drücken.

Diese Übung ist zum Muskelaufbau der Vorderläufe unterstützend einsetzbar.

Ihr Hund sollte keine akuten Beschwerden an den Vorderläufen haben.

Rezeptionsklingel

Lassen Sie Ihren Hund vor sich sitzen. Nehmen Sie die Klingel in die Hand, halten sie ein Stück über dem Boden vor Ihren Hund und versuchen, zum Beispiel durch leichtes Bewegen der Hand, Ihren Hund darauf aufmerksam zu machen. Warten Sie ruhig ab, wie Ihr Hund reagiert. Viele Hunde heben, wenn sie nicht verstehen, was gerade gefordert wird, aus der Position Sitz heraus die Pfote. Sobald er die Pfote hebt, drücken Sie die Klingel von unten gegen die Pfote und belohnen Ihren Hund. Hebt er jedoch nicht von selbst die Pfote, können Sie diese vorsichtig hochheben.
Ihr Hund wird sehr schnell verstehen, dass es eine Belohnung für das Berühren der Klingel mit der Pfote gibt. Sobald er das verstanden hat, können Sie das entsprechende Signal einführen, zum Beispiel KLINGEL. Wobei das unmittelbar erfolgte Klingeln für den Hund selbst zur Belohnung werden kann. Ähnlich wie beim Klickertraining.

Wichtig: Schreckhafte Hunde sollten an das Klingelgeräusch zuerst mit etwas Distanz gewöhnt werden.

Statt der Klingeln kann ein Quietschspielzeug mit ebener Standfläche verwendet werden.
Sie können Ihren Hund auch mit der Schnauze die Klingel drücken lassen.
Gehört Ihr Hund zu den größeren Exemplaren, können Sie ihn auch auf die Haustürklingel konditionieren. Ein ganz interessanter Aspekt für Hunde, die normalerweise auf jedes Klingeln mit einer Bellattacke reagieren.

Türen öffnen

Ziel Ihr Hund lernt eine Tür mit Hilfe einer Kordel, die am Griff befestigt ist, zu öffnen.

Voraussetzung Ihr Hund hat keine Probleme an der Halswirbelsäule.

Material Eine Tür, die nach außen öffnet, mit einer Türklinke, an der eine Kordel oder ein Seil befestigt wird. Zur schnelleren Akzeptanz kann an der Kordel ein Ball hängen.

Umsetzung Binden Sie ein Seil mit einem Ball an eine Türklinke. Eine Hilfsperson geht mit den Leckerchen, die sie dem Hund zeigt, durch die Tür und schließt diese. Motivieren Sie Ihren Hund nun, den Ball in die Schnauze zu nehmen und darüber an dem Seil zu ziehen (NIMM, ZIEH usw.). Ihre Hilfsperson kann währenddessen Ihren Hund verbal locken. Zieht Ihr Hund auch nur zaghaft am Ball, loben Sie sofort und helfen Sie unter Umständen, die Tür zu öffnen. Da wird er dann freudig von der wartenden Person und den Leckerchen empfangen. Nach ein paar Wiederholungen wird er die Tür alleine öffnen.

An der Tür kratzen sollte natürlich sofort unterbunden werden. Die Übung kann dafür für eine kurze Zeit komplett unterbrochen werden.

Variante Die Motivation zu agieren, ist hier für den Hund sehr groß, da eine zusätzliche Person dabei ist, die den Hund lockt. Die Übung kann aber auch alleine funktionieren.

Wichtig: Lassen Sie Ihren Hund die Türklinke nicht direkt fassen, sonst besteht das Risiko, dass er lernt, alle Türen selbstständig zu öffnen. Durch das Seil mit dem Ball lenkt man ihn von der Türklinke ab.

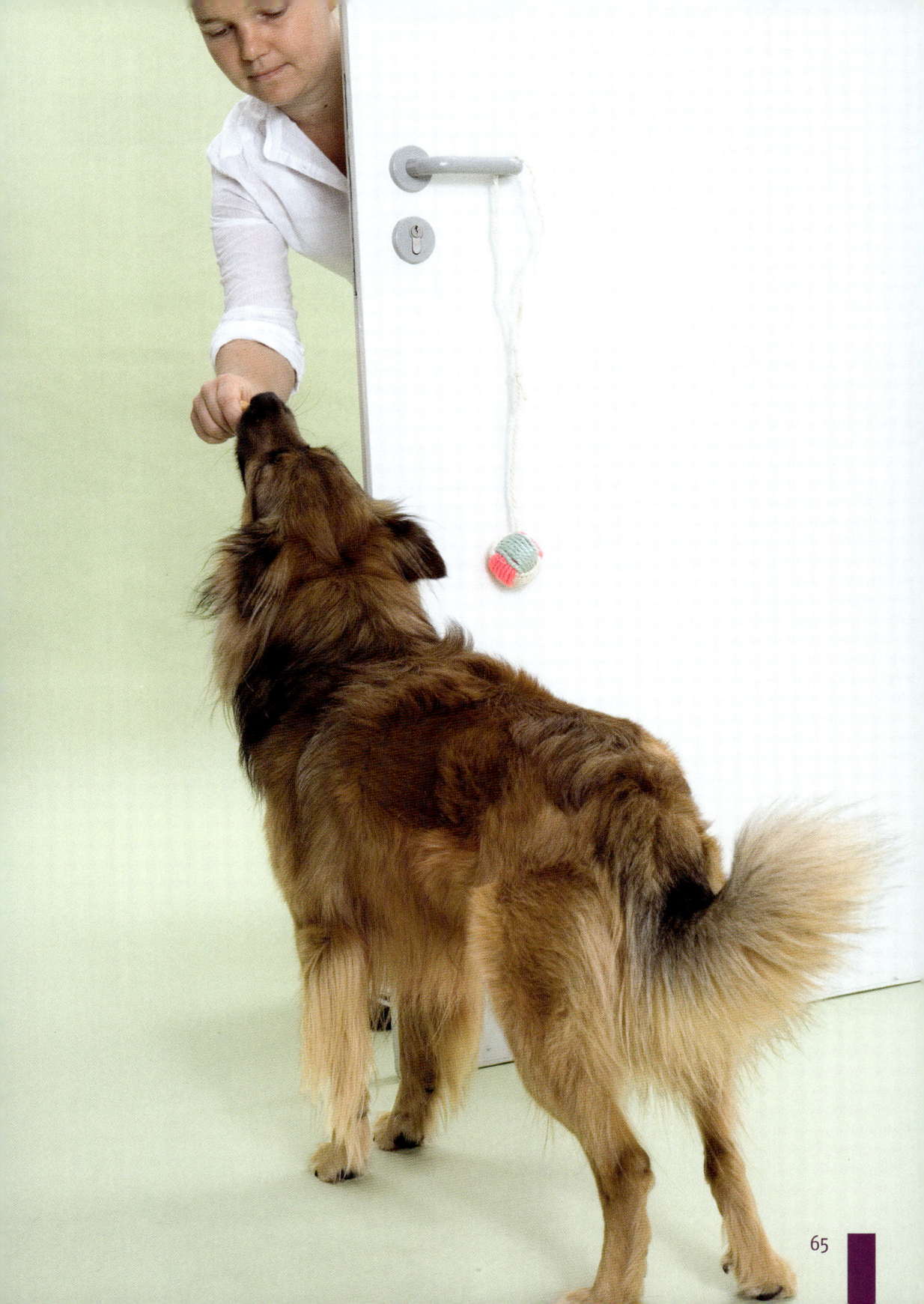

FLUSE, DER CHARMEUR AUS DEM SÜDEN

Am liebsten daheim

Fluse ist geschätzte acht Jahre alt. Er kommt aus Spanien. Dort hat er eine unbekannte Vergangenheit. Irgendwo auf der Straße. Vor einem Jahr wurde er von Tierschützern nach Deutschland gebracht und lebt jetzt glücklich bei seiner Besitzerin. Er bringt von Haus aus einen gemäßigten Jagdtrieb mit. Ist aber mit allen Hunden verträglich. Liebt Kinder, Streicheleinheiten und Fleischwurst. Zu Hause ist er kaum spürbar, draußen zeigt er sich fröhlich. Veränderungen jeglicher Art machen ihn allerdings unsicher. Koffer packen löst Panik aus. Denn Reisen liegt ihm nicht. Als wäre er eher katzenartig eine sehr starke Ortsbindung eingegangen. Zu Hause ist es halt am schönsten.

Kein Held auf vier Pfoten …

Jegliches Training lehnt er generell ab. Vor Joghurtbechern auf dem Boden oder Holzspielzeug erstarrt er zur Salzsäule. Spielsachen rührt er nicht an. Schon gar nicht, um es irgendwo hinzutragen oder zu holen. Das hat er offensichtlich als Welpe alles nicht kennengelernt. Macht aber auch nichts. Die Besitzerin liebt ihren Fluse, der so wenig braucht zum Glücklichsein. Der so wenig fordert. Ist doch egal, wenn er ein bisschen doof ist. Im Vergleich zu den übrigen Lernhelden. Hauptsache, er ist lieb.

Dabei hat selbst Fluse in seinem Leben schon so einiges kapiert. Und das von ganz alleine. Hoch komplex aufgebaute Verhaltensmaßnahmen zum Erreichen von Zielen.
Zum Beispiel: „Ich will raus!" Ausgangssituation: Frauchen sitzt auf dem Sofa und schaut mit starrem Blick auf ihr Notebook und wackelt ein bisschen mit den Fingern. Fluse setzt sich vor sein Frauchen, ganz aufrecht, und schaut sie an. Länger, länger ... kurzes Aufblicken, lächeln, vorbei. Noch nicht kapiert. Fluse springt aufs Sofa, setzt sich, aber legt sich nicht hin. Wieder ein langer Blick. Das muss sie jetzt aber verstehen. Wieder nur ein kurzes Aufblicken. Fluse krabbelt wieder runter und geht zur Tür. Und zurück. Tiefer Seufzer. Gähnen. Mit Scharnier-Quietschen. Geschafft! Frauchen schaut auf die Uhr und in diesem Blick scheint Erkenntnis zu stecken. Sie steht auf zum gemeinsamen Spaziergang. Hat zwar etwas gedauert, aber das Ziel ist erreicht. Wäre wünschenswert, dass Frauchen aus der Situation lernen würde und beim nächsten Mal etwas eher reagieren würde. Aber Fluse ist es schon gewohnt, dass Frauchen nicht die Hellste ist. Dafür ist sie ganz doll lieb.

... aber im Erreichen seiner Ziele

NASENARBEIT

MORITZ, 10 JAHRE ALTER LABRADOR –
SCHON EIN BISSCHEN ALT UND NOCH WENIG WEISE

Moritz leidet unter schweren Arthrosen der Gelenke, besonders der Vorderläufe. Bei ihm wurde als Junghund eine beidseitige Ellenbogendysplasie diagnostiziert. Nach erfolgreicher Operation zeigte er jahrelang kaum Beschwerden. Sein junger Körper war gut trainiert. Die Muskulatur konnte das Schlimmste kompensieren. Allerdings versäumten die Besitzer, sein Leben entsprechend seiner Erkrankung umzustellen. Sie waren nicht über die Folgen aufgeklärt worden. Seine größten Hobbys blieben das Ballspielen und gelegentliche Jagdausflüge. Im Alter von neun Jahren waren seine Probleme am Bewegungsapparat dann so massiv, dass die Besitzer aus Eigeninitiative mit ihm zur Physiotherapie gingen. Seitdem bekommt er regelmäßig einmal pro Woche Massage und Schwimmtherapie, die er rassetypisch sehr liebt. Bällchen werden nur noch im Wasser geworfen. Die Jagd wurde endgültig an den Nagel gehängt. Moritz ging es innerhalb kürzester Zeit besser. Drum geht es jetzt schon ab und an mit ihm durch, wenn es in der Nachbarschaft allzu verlockend nach einer Hündin duftet.

72	Einführung in die Nasenarbeit
74	Suche nach Leckerchen
78	Suche nach Gegenständen
81	Suche nach Gerüchen
82	Suche nach Menschen

EINFÜHRUNG IN DIE NASENARBEIT

Immer der Nase nach ...

Nasenarbeit ist die Suche mit der Nase nach Leckerchen, Gerüchen, Gegenständen oder Menschen, die wir im Folgenden beschreiben werden. Darüber hinaus gibt es noch die Fährtenarbeit, die zum Beispiel im Rahmen der Vielseitigkeitsprüfungen institutionalisiert wurde.

Die Nasenarbeit ist – so wie die Kopfarbeit – eine gute Möglichkeit der Beschäftigung für Hunde, um vor allem eine mentale Ausgeglichenheit zu erreichen. Anders als bei der Kopfarbeit wird hier allerdings hauptsächlich einer der Sinne, nämlich der Geruchssinn, beansprucht. Eine dem Hund von Natur aus gegebene Veranlagung wird trainiert, geschärft und in sinnvolle Bahnen gelenkt. Es handelt sich deshalb um eine sehr authentische Beschäftigung für Hunde. Sicherlich gibt es wieder rassespezifische Unterschiede in der Begabung. Aber generell sind alle Hunde dafür zu gewinnen. Bei Hunden mit einem starken Jagdinstinkt ist es möglich, sie über die Nasenarbeit bewusst vom selbstständigen Jagen abzuhalten. Denn das gemeinsame „Jagen" im Rahmen der Nasenarbeit ist für den Hund meistens viel befriedigender, da er mit einem sicheren Erfolgserlebnis abschließen kann. Es stellt sich für den Hund als effektiver heraus als das zum Glück oft fehlgeschlagene Jagen eines natürlichen Beutetieres.

Durch die Nasenarbeit wird auch die Konzentrationsfähigkeit und Aufmerksamkeit des Hundes gefördert. Der vorwiegende Gebrauch eines Sinns ist sehr anstrengend und ermüdet die Hunde schnell. Und natürlich bringt es für Hund und Halter wieder jede Menge Spaß.

... aber in Maßen

Allerdings gibt es auch viele Bereiche, in denen aus Spaß Ernst wird. Wie beim Hundesport kann bei der Nasenarbeit übertrieben werden. Sicher rechtfertigt der Zweck, dass Hunde aufgrund ihres enormen Riechvermögens zur Drogensuche oder Sprengstoffsuche eingesetzt werden. Diese Hunde sind speziell ausgebildet und führen ein sehr reglementiertes Leben. Dabei ist es ähnlich wie bei Behindertenbegleithunden, dass sich leider durch diese extremen Anforderungen oft die Lebenserwartung verkürzt. Aber auch im vermeintlichen Hobbybereich kann bei der Nasenarbeit übertrieben werden. Zum Beispiel im Mantrailing – also der Suche des Hundes nach Menschen. Das Training wird oft mehrfach in der Woche absolviert. Die Hunde warten dabei manchmal stundenlang auf ihren verhältnismäßig kurzen Einsatz, da immer nur ein Hund gleichzeitig sucht.

Auf- und Abwärmphasen

Die Bewegungsabläufe bei der Spurensuche sind sehr einseitig. Die Hunde sind angeleint und „fliegen" mit der Nase in Bodennähe und einem wahnsinnigen Leinenzug nur so dahin. Je nachdem wie fortgeschritten ein Hund ist, kann ein Suchvorgang eine Stunde dauern. Das ist mehrmals in der Woche zu viel des Guten. Dabei wird der Bewegungsapparat voraussichtlich auf Dauer geschädigt. Körperlich noch anspruchsvoller ist die Rettungshundearbeit. Unwegbares Gelände, Gebäuderuinen, riskante Kletterpartien stehen auf dem Programm. Auch hier gilt neben der akuten Verletzungsgefahr, dass der Hund für diese Höchstleistung eine angemessene Aufwärm- und Abwärmphase sowie Zeit zur Regeneration benötigt. Also wäre maximal eine Trainingshäufigkeit bei einem gesunden Hund von zwei- bis dreimal in der Woche akzeptabel.

Bei der Nasenarbeit muss man vorsichtig mit Hunden sein, die Probleme an der Halswirbelsäule und an den Vorderläufen haben. Der Hund befindet sich mit der Nase oft unmittelbar in Bodennähe, sodass er einen Großteil seiner Körperlast auf den Vorderläufen trägt und den Hals sehr weit nach unten zieht. Das Training sollte deshalb nicht übertrieben werden. Oder bei akuten Schmerzen im Zweifel komplett ausfallen. Einige der beschriebenen Übungen sind für diese Zielgruppe geeigneter, da man das zu suchende Objekt in komfortablerer Höhe positioniert. Für die Übungen gelten darüber hinaus die gleichen Grundsätze wie bei der Kopfarbeit beschrieben (siehe S. 42).

Das Beherrschen der Grundsignale wie SITZ, PLATZ, STEH, BLEIB und NEIN vereinfacht die Übungen. Signale wie SUCH oder HOL können bei der Nasenarbeit eingeführt werden.

Grundsätze

Sinnvolle Signale

SUCHE NACH LECKERCHEN

Leckerchen-Suche vom Boden bis zum Schrank

Ziel — Ihr Hund lernt in der Umgebung nach Leckerchen, die für ihn versteckt wurden, zu suchen.

Voraussetzung — Diese Übung ist überall durchführbar. Sie ist ein sehr guter Einstieg in das Thema Suchen, weil die Belohnung unmittelbar, ohne zeitliche Verzögerung, erfolgt.

Das Signal BLEIB erleichtert das ungestörte Verstecken.

Umsetzung — Zum Einstieg empfiehlt es sich, die Leckerchen in Sichtweite so zu verstecken, dass der Hund es wahrnimmt. Im Verlauf des Übens können die Verstecke immer schwieriger werden. Auch in verschiedenen Ebenen: auf dem Boden, auf Regalen oder Stühlen usw. Ihr Hund sollte später nicht mehr zuschauen, wenn Sie die Leckerchen verstecken.

Der Start kann mit einem Signal belegt werden, zum Beispiel SUCH.

Da Hunde kein gutes Scharfsehen in der Nähe haben, erarbeiten sie sich die Leckerchen über den Geruch.

Besonderheit — Etwas benachteiligt sind alte Hunde, die in der Wahrnehmung nicht mehr so gut sind. Bei stark sabbernden Hunden muss man die Auswahl der Verstecke entsprechend einschränken.

Variante — Die Leckerchen können natürlich auch auf dem Spaziergang versteckt werden. Am Anfang genügt schon niedriges Gras am Wegesrand. Später können Sie Ihren Hund auch im hohen Gras oder in einem Gebüsch suchen lassen. Auch eine für Ihren Hund erreichbare Astgabel oder eingeklemmt in die Baumrinde bringt Abwechslung in die Suche. Sollte Ihr Hund die Leckerchen einmal nicht finden, dann helfen Sie ihm einfach dabei.
Über verloren gegangene Leckerchen freut sich auch noch der nächste Hund, der des Weges kommt und plötzlich auf diesen verlockenden Geruch stößt.

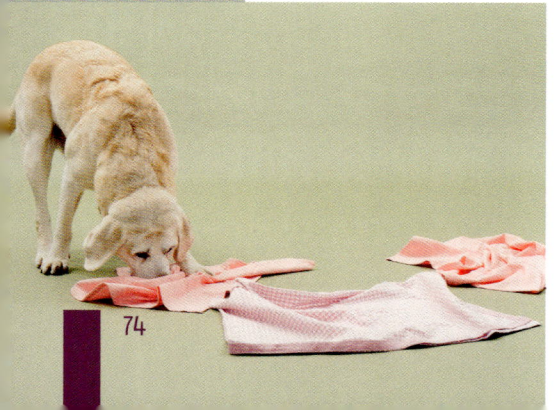

Leckerchen-Suche unter Decken

Ihr Hund lernt Leckerchen zu suchen, die für ihn unter Decken versteckt werden.

Ihr Hund traut sich, in Decken oder Ähnlichem zu wühlen. Sonst müssen Sie erst einmal auf einer Decke mit ihm üben, bis die Berührungsängste abgebaut sind.

Decken, Tücher, Lappen ...

Am Anfang verstecken Sie für den Hund sichtbar Leckerchen unter dem Rand einer Decke. Das können Sie steigern, indem Sie mehrere Leckerchen in einer Decke verknüllen. Oder indem Sie mehrere Lappen nehmen und nur unter ein paar davon Leckerchen legen, ohne dass Ihr Hund es sieht. Besonders stürmische Hunde werden routinemäßig unter alle Lappen „rüsseln". Sinn ist es natürlich, dass Ihr Hund irgendwann erschnüffelt, wo es etwas zu finden gibt.

Mit Hunden, die zum Beispiel ängstlich auf das Rascheln von Papier reagieren, kann mit diesen Übungen zur Desensibilisierung gearbeitet werden.

Die Leckerchen können in einer großen Tasche oder einem Karton, gefüllt mit zerknülltem Zeitungspapier, Korken oder Ähnlichem, versteckt werden. Der Hund darf ausgiebig darin wühlen. Bitte nicht alleine damit lassen.

Eine weitere Möglichkeit ist es, den Hund in einem mit Wasser gefüllten Behältnis (Eimer, Bottich), nach Leckerchen tauchen zu lassen. Der Hund sollte dafür nicht absolut wasserscheu sein. Die Umgebung dafür eher „wasserfest". Am Anfang ist es etwas einfacher, wenn die Leckerchen schwimmen. Später können abgesunkene Leckerchen auch vom Boden aufgenommen werden. Die absolute Höhe des Wassers sollte bei Hunden, die schnell Probleme an den Ohren haben, so gewählt werden, dass der Hund nur mit dem Gesicht eintaucht.

Ziel

Voraussetzung

Material

Umsetzung

Besonderheit

Variante

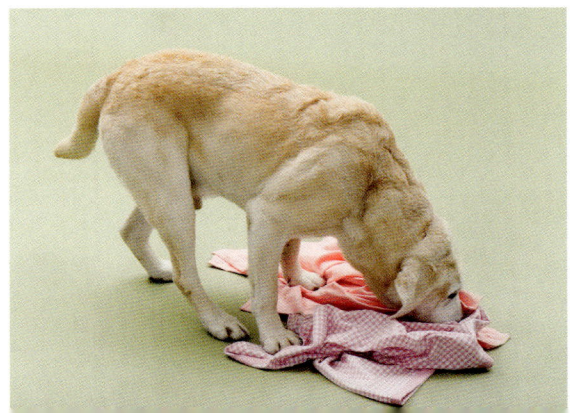

Leckerchen-Suche unter Gefäßen

Ziel — Ihr Hund zeigt an, unter welchem Gefäß sich das Leckerchen befindet.

Voraussetzung — Er sucht nach Leckerchen.

Material — Tontöpfe, Joghurtbecher, Trinkbecher, Eimer usw.

Eventuell eine Bank, um die Töpfe höherzustellen. Dann muss Ihr Hund nicht nur in Bodennähe suchen, was auf Dauer eine Belastung für die Vorderläufe und Halswirbelsäule darstellt.

Umsetzung — Einsteigen kann man in die Übung am besten mit Gefäßen, die für den Hund leicht umzustoßen sind. Verstecken Sie vor den Augen Ihres Hundes ein Leckerchen unter einem von mehreren nebeneinanderstehenden Bechern. Nun schicken Sie den Hund los, zum Beispiel mit dem Signal SUCH oder SUCH LECKERCHEN. Die Belohnung erfolgt automatisch durch das Finden des Leckerchens, wenn Ihr Hund den richtigen Becher umwirft oder hochhebt. Falls er sich nicht traut, den Becher zu berühren, zeigen Sie ihm immer wieder, was sich darunter befindet und ermuntern ihn weiter.

Später sieht Ihr Hund nicht mehr zu, wenn Sie das Leckerchen verstecken. Als weitere Steigerung können Sie schwere Gefäße nehmen, zum Beispiel Blumentöpfe mit einem Loch am Boden, die man umdreht, um Leckerchen darunter zu verstecken. Der Hund erkennt durch Riechen an den Löchern, welches der richtige Topf ist. Er fängt an, dies anzuzeigen, wobei er daran gehindert wird, den Topf umzustoßen. Er wird stattdessen bellen, scharren, Sitz machen, Pfote auflegen. Daraufhin lüften Sie den Topf und Ihr Hund kann sich das Leckerchen nehmen. Achten Sie im Verlauf der Übung darauf, dass Sie den Topf erst lüften, wenn Ihr Hund die gewünschte Anzeigemethode gewählt hat. So können Sie ihn darauf trainieren, etwas, was er suchen soll, immer auf die gleiche Art und Weise anzuzeigen.

Besonderheit — Manche Hunde nehmen nur die Becher hoch, unter denen sich auch wirklich das Leckerchen befindet. Sie arbeiten gezielt mit ihrer Nase. Andere arbeiten nach dem „Try and Error"-Prinzip. Sie heben einfach sehr schnell alle Becher hoch. Irgendwo werden die Leckerchen schon sein. Das ist abhängig vom Temperament des Hundes und schwierig zu beeinflussen. Denn die Methode hat für den Hund sehr wohl Erfolg. Man kann versuchen, den Hund zusätzlich über Lob und Abbruch des Versuchs auf den richtigen Weg zu bringen. Sobald der Hund nur noch bei der richtigen Anzeige das Leckerchen bekommt, muss er seine Methodik ohnehin darauf anpassen.

Variante — Es gibt Holzspielzeuge, die auf den gleichen Prinzipien beruhen.

Exkurs für andere Sinne – Leckerchen luftdicht verpackt

Die Übung zielt auf den Seh- und Hörsinn.

Ihr Hund zeigt an, in welchem der geschlossenen Plastikbehälter sich das Leckerli befindet.

Die Übung ist nicht für Hunde mit eingeschränktem Seh- oder Hörvermögen geeignet.

Mehrere gleiche, verschließbare, durchsichtige Plasikbehälter – bissfest.

Füllen Sie in einen der Behälter ein paar Leckerchen, zeigen diesen dem Hund und stellen ihn dann zwischen die leeren Behälter. Motivieren Sie Ihren Hund, die Leckerchen zu suchen. Sobald er den richtigen Behälter berührt, in die Schnauze nimmt, schüttelt oder umwirft, wird er gelobt und bekommt die Leckerchen aus dem Behälter. Hilfestellung kann man hier durch Zeigen oder Schütteln (Leckerchen klappern) des Behälters geben. Bei jedem neuen Versuch wird der Behälter an eine andere Position gestellt. Ihr Hund sollte nur am Anfang zusehen, wo er platziert wird.

Sie können Ihren Hund nur auf Sicht suchen lassen, indem Sie Leckerchen benutzen, die keine Geräusche beim Schütteln machen, zum Beispiel Käse, Quark oder Leberwurst. Durch die Verwendung von undurchsichtigen Behältern sucht der Hund nur auf Geräusch. Dafür schütteln Sie den gefüllten Behälter, um Ihrem Hund anzuzeigen, dass etwas versteckt ist. Der Behälter wird dann zwischen den anderen positioniert (später als Steigerung: während der Hund nicht zusieht). Ihr Hund muss jetzt über Umwerfen, Ins-Maul-Nehmen oder Ähnlichem herausfinden, welcher der richtige Behälter ist und Ihnen diesen anzeigen.

Ziel

Voraussetzung

Material

Umsetzung

Variante

SUCHE NACH GEGENSTÄNDEN

Verlieren, verstecken und finden

Ziel Ihr Hund lernt nach einem bestimmten Gegenstand zu suchen.

Voraussetzung Er ist auf einen Gegenstand konditioniert. Das Signal BLEIB erleichtert den Übungsaufbau.

Material Alle Gegenstände, auf die der Hund konditioniert ist: Plüschtiere, Alltagsgegenstände (Schlüssel, Fernbedienung, Telefon usw.)
Die Konditionierung auf Gegenstände ist bei der Kopfarbeit beschrieben (siehe S. 44).

Umsetzung Zu Anfang der Übung können Sie den Gegenstand im näheren Umfeld vor den Augen Ihres Hundes verstecken. Erst später empfiehlt es sich, weiträumiger, in anderen Zimmern oder auf unterschiedlichen Ebenen suchen zu lassen.
Ihr Hund wartet bis zum Start. Anfangs können Sie ihm beim Suchen über Zeigen helfen. Hat er den Gegenstand gefunden, wird er sofort belohnt.
Im Normalfall wird er den Gegenstand anbringen. Dies kann im späteren Verlauf differenziert werden: Ihr Hund bringt den Gegenstand, legt ihn in Ihre Hand, auf den Boden – oder er zeigt den Gegenstand nur über Vorsitzen, Bellen usw. an.

Besonderheit Vorsicht bei Hunden mit Erkrankungen des Bewegungsapparates: Die Gegenstände auf Dauer besser erhöht und nicht ausschließlich auf dem Boden verstecken.

Variante Als Steigerung können Sie verschiedene Gegenstände gleichzeitig verstecken und nacheinander suchen lassen. Oder den Hund einen bestimmten Ball aus einer Kiste mit vielen anderen Bällen herausfinden lassen.

Auch auf Spaziergängen ist die Suche durchzuführen. Aber bitte beachten Sie, dass der Hund aufgrund der zusätzlichen Außenreize abgelenkt sein kann. Also müssen Sie eventuell im Übungsaufbau ein paar Schritte zurückgehen. Die Dinge können versteckt oder quasi beiläufig auf den Weg fallengelassen werden.

Eine besondere Variante stellt die Suche wie bei den Leckerchen in einem oder mehreren Eimern mit Wasser dar. In einem ist der Gegenstand versenkt.

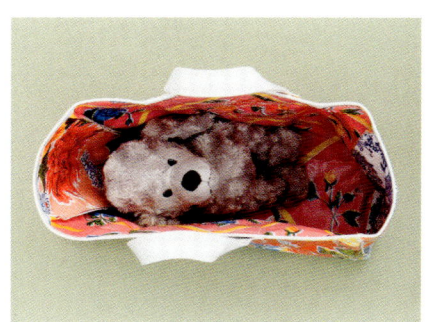

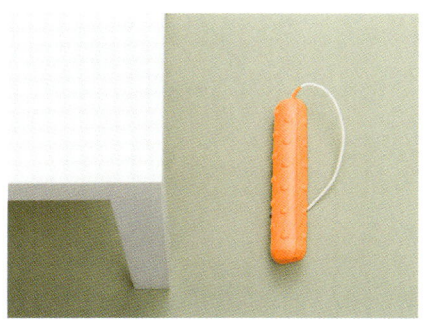

SUCHE NACH GERÜCHEN

Auf der Käse-Fährte

Ihr Hund erkennt einen bestimmten Geruch und zeigt ihn an. — Ziel

Es ist hilfreich, wenn Ihr Hund bereits gelernt hat, mit der Nase zu suchen. — Voraussetzung

ein paar Plastiktüten mit Zipp oder Kosmetikmäppchen
Käse und Wurst oder andere geruchsintensive Futtermittel — Material

Ihr Hund darf am Käse riechen. Dabei sagen Sie KÄSE. Dann packen Sie den Käse in eine Tüte und legen ihn ein paar Meter entfernt hin. Fordern Sie nun Ihren Hund auf, den Käse zu suchen. Sobald er die Tüte anzeigt oder bringt, sofort loben und entweder mit dem Käse oder über andere Leckerchen belohnen. — Umsetzung
Zur Steigerung der Anforderung können Sie auch mehrere Tüten zur Auswahl hinlegen – nur eine davon ist mit Käse präpariert. Die anderen sind erst einmal leer. Zeigt Ihr Hund die richtige Tüte an oder bringt sie zu Ihnen, wird er belohnt. Sonst wird er erneut geschickt. Zur weiteren Schwierigkeitssteigerung können Sie die bisher leeren Beutel mit Leckerchen füllen. Erst wenn Ihr Hund zuverlässig den Käsebeutel auch aus den Ablenkungsbeuteln sucht, können Sie den gleichen Übungsaufbau mit Wurst wiederholen. Ziel ist, dass im Anschluss der Hund nach Signal sicher entweder Wurst oder Käse bringt. Da beides in der Regel sehr begehrte Suchobjekte sind, ist die Fehleranfälligkeit bei diesem Schritt sehr hoch. Dennoch empfiehlt es sich, die Übung zuerst mit sehr attraktiven Dingen durchzuführen, um die generelle Akzeptanz hochzuhalten.

Die Übung ist auf alle Gerüche anwendbar: Gewürze, Teesorten, Aromen usw. Es können natürlich mit der Zeit auch mehr als zwei Gerüche eingesetzt werden. Möglich ist es zum Beispiel, auch eine Ölsorte aus anderen Ölsorten herauszuriechen. Man füllt dafür einen Becher mit ein paar Tropfen einer stark duftenden Ölsorte wie Erdnussöl und wiederholt den Übungsaufbau. Zuerst wird der Hund ermutigt, an dem Öl zu schnuppern. Dann wird der Becher immer weiter weg aufgestellt usw. Bitte keine ätherischen Öle verwenden. — Variante

SUCHE NACH MENSCHEN

In der Kiste, hinter der Kiste

Ziel | Ihr Hund lernt nach einem Menschen zu suchen.

Voraussetzung | Ihr Hund kann sich schmerzfrei bewegen.
Die Übung erfordert eine zweite Person.

Material | Es werden Gegenstände benötigt, die den Duft der gesuchten Person tragen. Diese werden in einer Plastiktüte aufbewahrt, damit der Hund den Duft konzentriert aufnehmen kann. Ohne ablenkende Geruchskomponenten. Zum Beispiel von der Person, die dem Hund die Plastiktüte anbietet.

Umsetzung | Die einzelnen Schritte werden langsam gesteigert. Am Anfang sollte der Hund seine engste Bezugsperson suchen, also Sie. Ihre Hilfsperson hält Ihren Hund. Zeigen Sie ihm die Leckerchen und laufen dann ein kleines Stück damit weg, um sich zum Beispiel hinter einem Baum zu verstecken. Ihr Hund wird, um zu Ihnen und den Leckerchen zu kommen, wahrscheinlich sofort an der Leine ziehen. Nun hält Ihre Hilfsperson Ihrem Hund die Plastiktüte mit einem Gegenstand (zum Beispiel einem Halstuch), der Ihren Geruch trägt, unter die Nase. Später können Sie auch ein Signal während des Riechens am Gegenstand der zu suchenden Person

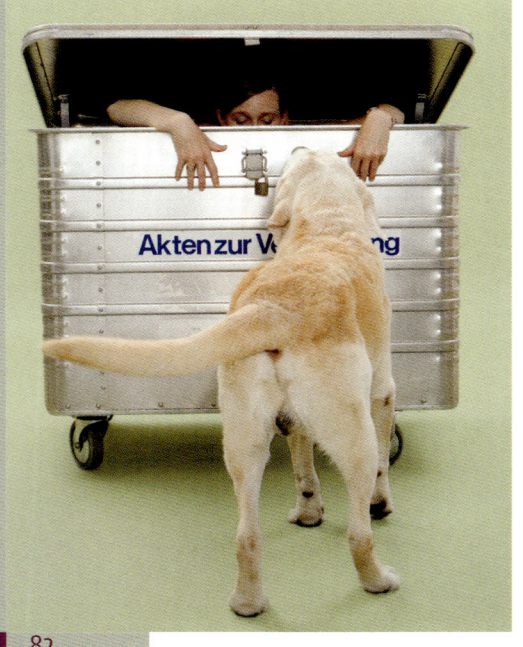

einführen. Dann darf der Hunde – an der Leine ziehend – mit der Hilfsperson loslaufen und Sie suchen. Das wird er ganz ohne Anweisungen schaffen. Sobald er erfolgreich war, wird er überschwänglich gelobt und mit Leckerchen belohnt. Schritt für Schritt kann die Distanz vergrößert werden. Ihr Hund lernt in dieser Zeit, die Spur auf dem Boden und in der Luft zu verfolgen.

Um den Schwierigkeitsgrad zu steigern, können Sie nun mit Ihrem Hund gemeinsam andere Personen und später auch fremde Personen suchen. Der Ablauf ist immer gleich, die Signale sind immer gleich, usw. Die Hunde tun sich mit solchen komplexen Aufgaben leichter, wenn alles ritualisiert abläuft.

Der schon routinierte Menschensucher braucht die zu suchende Person vorher nicht sehen. Der Gegenstand sollte reichen. In jedem Fall wird der Hund aber von der dann gefundenen Person reichlich belohnt!

Variante

Die Suche ist mit der Übung „Tür öffnen" aus der Kopfarbeit (siehe S. 64) zu kombinieren. Eine Person versteckt sich dafür in einem Haus hinter einer Tür. Die Suche startet draußen, etwas vom Haus entfernt. Idealerweise sollte der zu suchende Mensch, zumindest für den unerfahrenen Hund, nicht in diesem Haus leben. Ansonsten hätte er Probleme, die bereits vorhandenen Gerüche im Haus und der Umgebung vom aktuellen Geruch zu unterscheiden. Sehr gut trainierte Hunde können sicherlich zwischen alten und neuen Spuren differenzieren. Man sollte aber von seiner Hobby-Schnüffelnase nicht zu viel verlangen.

NIKE UND IHR BESONDERES GESPÜR

Nike ist ein zweijähriges Golden-Retriever-Mädchen. Sie wurde in die Familie geholt, in der Hoffnung, dass die Liebe zu einem Tier einen positiven Effekt auf den 14-jährigen Sohn haben würde. Er ist seit drei Jahren Diabetiker. Das ist eine Krankheit, die für einen Pubertierenden nicht nur körperlich sehr schwierig ist, sondern auch psychisch eine sehr große Belastung darstellt. Denn der Alltag ist kein normaler. Immer muss mit Über- oder Unterzuckerung gerechnet werden und den daraus resultierenden ernsten Folgen. Der Hormonhaushalt in diesem Alter ist ein Auf und Ab, sodass man die notwendigen Insulingaben sehr schlecht richtig ausloten kann. Diese ständige Unsicherheit kann besonders am Anfang der Erkrankung zu manch seelischem Tief führen.

Doch dann kam Nike. Und wie bei ihrer Rasse so typisch: Sie ist ein immer gut gelaunter Sonnenschein. Die beiden verbindet von der ersten Sekunde an eine innige Beziehung. Die Beschäftigung mit der fröhlichen Hündin vertreibt die Sorgen der Familie. Ein wahrer Glücksfall.

Als Nike älter wurde, fing die Familie an, mit ihr Mantrailing zu trainieren. Also die Suche von Menschen. In diesem Fall gezielt nach dem Sohn. Damit Nike im Ernstfall helfen kann. Denn man muss immer damit rechnen, dass der Sohn zum Beispiel auf dem Heimweg von der Schule unbemerkt ohnmächtig wird. Eine Beschäftigung, die Nike mit ihrer feinen Nase artgerecht fördert.

Aber Nike scheint nicht nur eine gute Nase zu haben. Beim ersten Mal hielt es die Familie nur für einen Zufall. Bei den nächsten Fällen nicht mehr. Nike spürt, wenn der Zuckerspiegel des Sohnes aus den Fugen gerät, während er schläft. Sie wird unruhig. Läuft hin und her und alarmiert so die Eltern. Keiner weiß, was sie da genau wahrnimmt. Aber sie tut es. Ohne dass sie bisher darauf bewusst trainiert wurde. Ein Wunder? Egal. Nike hat auf alle Fälle einen unvorstellbaren Stellenwert in dieser Familie. Und der Trainer die schwierige Aufgabe, dieses Angebot von Nike zu verfestigen und das Bemerkbarmachen zu verstärken.

Diagnose Diabetes

Ein wahrer Sonnenschein

Mantrailing kann Leben retten

Aufmerksamer Beobachter

KÖRPERARBEIT

EMILY, 7 JAHRE ALTE AUSTRALIAN SHEPHERD-HÜNDIN – „WEISS, WAS SIE WILL"

Emily hat sich mit acht Monaten bei einem stürmischen Spiel eine Zehe an der Hinterpfote gebrochen. Die Phase der Schonung war für alle Beteiligten nicht einfach. Ein junger Hund, der sich nicht durch Bewegung müde machen kann, ist sehr anstrengend. Blödsinn, der schon lange ausgetrieben war, wurde wieder akut. Schuhe wurden zerkaut und die Socken versteckt. In dieser Phase fing ihre Halterin an, mit ihr alles Mögliche und Unmögliche zu üben. Sie nutzte dabei das, was Emily von sich aus anbot. Signale wie PFOTE oder SCHÄM DICH funktionierten so im Handumdrehen. Mittlerweile sind sie ein kreatives Team beim Dog Dancing geworden, wobei die Halterin auf körperlich wenig anspruchsvolle Choreografien achtet. Denn leider bilden sich in der betroffenen Pfote bereits Arthrosen.

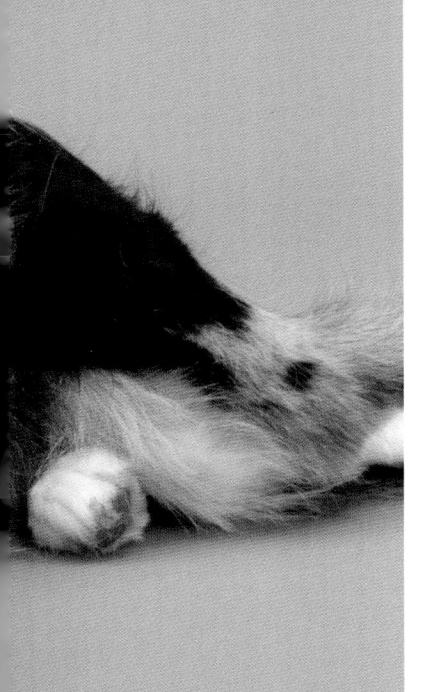

90 Einführung in die Körperarbeit

92 Grundsätze, den Hundekörper betreffend

94 Slalom

96 Stangenarbeit

98 Positionswechsel

101 Trampolin

102 Pfote geben

104 Strecken und Dehnen

EINFÜHRUNG IN DIE KÖRPERARBEIT

Ganzheitliche Betrachtung

Hunde trainieren ihren Körper im Wesentlichen ganzheitlich durch aktive Bewegung. Sie haben nicht die Möglichkeit wie wir Menschen, in einem Bodybuilding-Studio einzelne Muskelgruppen über das Stemmen von Gewichten zu modellieren. Sicherlich gibt es je nach Aktivität auch bei Hunden unterschiedliche Belastungen: So muss man beim Buddeln im Kaninchenloch die Hinterhand stabilisieren, während die Vorhand aktiv gräbt. Aber in der Regel ist immer der komplette Hund in Aktion. Selbst während der Rehabilitation in der Physiotherapie wird in der Regel ganzheitlich mit dem Hund gearbeitet. Zum Beispiel beim Therapeutischen Schwimmen. Dennoch ist es auch dabei möglich und nötig, Schwerpunkte zu setzen. Also auch einmal verstärkt die Hinterhand zu trainieren, oder auch nur eine betroffene Pfote. Die nachfolgenden Übungen sind im Wesentlichen von dort adaptiert. Es wird jeweils erläutert, welche Körperteile besonders im Fokus stehen. Aber natürlich sind die Übungen auch als sinnvolle Beschäftigung für gesunde Hunde möglich. Sie machen Spaß und geben ein gutes Körpergefühl.

Training mit Gewicht

Der Trainingseffekt kann bei manchen Übungen durch das Anlegen von Gewichten verstärkt werden. Zum Beispiel beim Pfötchengeben an dem betroffenen Lauf. Es gibt dafür fertige Manschetten im Handel. Selbstverständlich kann man sich mit etwas Geschick auch selbst welche basteln. Zum Einsatz kommen sollten je nach Hundegröße Gewichte zwischen 10 und 100 Gramm. Eher sparsam dosieren und langsam steigern. Die Manschetten können auch beim Spaziergang getragen werden. Aber nur zu Trainingszwecken, nicht zum dauerhaften Einsatz.

Sinnvolle Signale

Das Beherrschen der Grundsignale wie SITZ, PLATZ, STEH und BLEIB vereinfacht die Übungen. Spätestens beim Absolvieren eines Parcours – bestehend aus Stangen und Pylonen – ohne Leine empfiehlt es sich, zusätzlich das Signal LANGSAM einzuführen. Es ist natürlich auch wunderbar bei einem Spaziergang einzusetzen, wenn man den Bewegungsradius des Hundes einschränken möchte. Zum Beispiel: Hund läuft voraus, Sie wollen, dass er sich nicht zu weit entfernt, weil eine schlecht einsehbare Biegung kommt oder Sie sich einer Straße nähern. Zu üben ist das Signal am besten an der Leine. Der Hund läuft bei Fuß. Sie gehen schnell. Sie verlangsamen das Tempo, der Hund passt sich Ihrer Geschwindigkeit an. Dabei sprechen Sie ein gedehntes LAAANGSAAAM. Natürlich gilt, dass umso attraktiver das Ziel ist, auf das der Hund zusteuert, desto schwieriger ist die Umsetzung. Dafür gibt es bei jedem Spaziergang die Möglichkeit, die Übung einzubauen. Häufige Wiederholungen erhöhen bei diesem Signal deutlich die Erfolgschancen.

GRUNDSÄTZE, DEN HUNDEKÖRPER BETREFFEND

Wenn ein Hund Schwierigkeiten mit dem Bewegungsapparat hat, gelten zwei Grundsätze. Diese sollten einem Hundehalter zum Wohle seines Vierbeiners bewusst sein.

> **Bei Hunden, die ein lokales orthopädisches Problem haben, ist normalerweise der Körper als Ganzes mit einbezogen.**

Viele Hunde leiden zum Beispiel unter Erkrankungen an den Hinterläufen, an der Hüfte oder am Knie. Um Schmerzen an der jeweils betroffenen Stelle zu vermeiden, fallen sie in der Bewegung automatisch in eine Schonhaltung. Dafür nehmen sie unter anderem mehr Gewicht vorne auf, um den entsprechenden Hinterlauf zu entlasten. Zum Beispiel dadurch, dass sie ihren Kopf beim Laufen tief halten. Oder sie „ziehen" sich mit den Vorderläufen vorwärts, statt Schub von hinten zu leisten, wo eigentlich der „Motor" des Hundes ist. Sie setzen dabei die Vorderläufe typischerweise sehr breitbeinig. Als Folge der Überlastung können Probleme an den Vorderläufen auftreten. Der Rücken ist als Bindeglied in der Regel ebenfalls betroffen.

> **Hunde bleiben selbst bei guter Genesung lebenslang von einer Erkrankung am Bewegungsapparat betroffen.**

Beispiel: Nach einer Operation aufgrund eines gerissenen Kreuzbandes wird das betroffene Knie nicht wieder einwandfrei funktionieren. Die Operation ermöglicht dem Hund bei gutem Verlauf, dass er voll einsatzfähig wird. Aber es ist selbstverständlich kein gesundes Knie mehr. Darüber hinaus bilden sich in einem operierten Gelenk mit hoher Wahrscheinlichkeit als Folge Arthrosen. Und gerade beim Kreuzbandriss, der in der Regel auch eine genetische, also angeborene, Komponente hat, ist das Risiko groß, dass es auch beim zweiten Knie innerhalb der folgenden 24 Monate zu einer Schädigung kommt. Zumal diese Seite ja die ganze Zeit über vermehrt Last aufgenommen hat.

Für Sie als Hundehalter bedeutet das demnach, wenn Ihr Hund einmal am Bewegungsapparat erkrankt ist, sich immer dessen bewusst zu sein, dass diese Erkrankung den ganzen Körper Ihres Hundes betrifft – und dass das für immer so bleiben wird. Das bedeutet, dass er die Möglichkeit hat, beschwerdefrei alt zu werden – aber nur bei entsprechender Berücksichtigung. Also zumindest dem Anpassen der Lebensumstände.

SLALOM

In Schlangenlinien um Hindernisse herum

Ziel Ihr Hund läuft um eine Serie von kleinen Hindernissen in Schlangenlinien herum.

Nutzen In einer Kurve nimmt der Hund auf den inneren Gliedmaßen mehr Last auf, also kräftigt dort seine Muskulatur. Die äußeren Gliedmaßen gehen durch die Biegung den längeren Weg, also müssen sich mehr strecken. Durch die Richtungswechsel geschieht das abwechselnd. Gleichzeitig kommt es auch in der Wirbelsäule zu Seitwärtsneigung und -dehnung. Das Gangbild des Hundes wird geschult. Schonhaltungen werden aufgebrochen. Konzentration und Koordination werden gefördert.

Voraussetzung Ihr Hund kann relativ beschwerdefrei laufen. Leinenführigkeit ist von Vorteil. Bei ruhigeren Temperamenten oder bei längerem Üben funktioniert es sicherlich auch ohne Leine. Der Boden sollte griffig sein.

Material Pylonen, Blumentöpfe usw.

Umsetzung Als Vorbereitung bauen Sie eine kleine Straße an Hindernissen auf: Pylone, Blumentöpfe, gefüllte Plastikwasserflaschen. Egal was – es sollte nur nicht kaputtgehen können, wenn der Hund daran stößt. Und es muss groß genug sein, damit Ihr Hund es als Hindernis wahrnimmt. Der Abstand ist individuell, sollte aber mindestens eine Hunderumpflänge betragen, damit die Seitwärtsbiegung nicht zu extrem wird. Möchten Sie den Slalom mitgehen, also den Hund nicht nur an der Seite entlangführen, muss der Abstand noch größer sein.

Ihr Hund geht im Schritt und wird von Ihnen um die kleinen Hindernisse herumgeführt. Es ist gut möglich, die Aufmerksamkeit von links nach rechts zum Beispiel mit dem Finger oder über Schnippen zu lenken. Leckerchen sind selten förderlich, weil der Hund dann nur auf die Hand starrt und nicht auf die Hindernisse achtet. Nach Beendigung der Übung kann selbstverständlich ein Leckerchen gegeben werden.

Häufigkeit

langsam steigern bis zu fünf Durchläufen pro Minute

Besonderheit

Achten Sie darauf, dass der Hund langsam geht. Wir sind hier nicht beim Agility! Nur dann wird die Übung korrekt ausgeführt. Das heißt auch, dass der Hund am Ende der Strecke nicht über allzu stürmisches Loben aufgeputscht werden soll.

Variante

Als Variante ist es möglich, mit dem Hund im Kreis zu gehen. Zum Beispiel um Sie selbst herum. Mindestabstand so wählen, dass Ihr Hund Sie nicht berührt. Der Hund sollte sich nicht zu extrem biegen müssen. Und ganz wichtig: In beide Richtungen üben.

Enge abwechselnde Kreise im Sinne einer Acht um die Beine herum sind nur bei entsprechenden Größenverhältnissen sinnvoll. Das heißt: großer Besitzer – kleiner Hund. Sonst wird die Seitwärtsbiegung wieder zu heftig.

Das gilt nicht ganz so extrem auch für abwechselndes Durch-die-Beine-Laufen. Sie gehen dabei langsam in großen Schritten vorwärts. Ihr Hund läuft bei jedem Schritt von hinten nach vorne durch die gespreizten Beine. Dem Hund muss die Möglichkeit gegeben werden, dabei im weiten Abstand zu wenden.

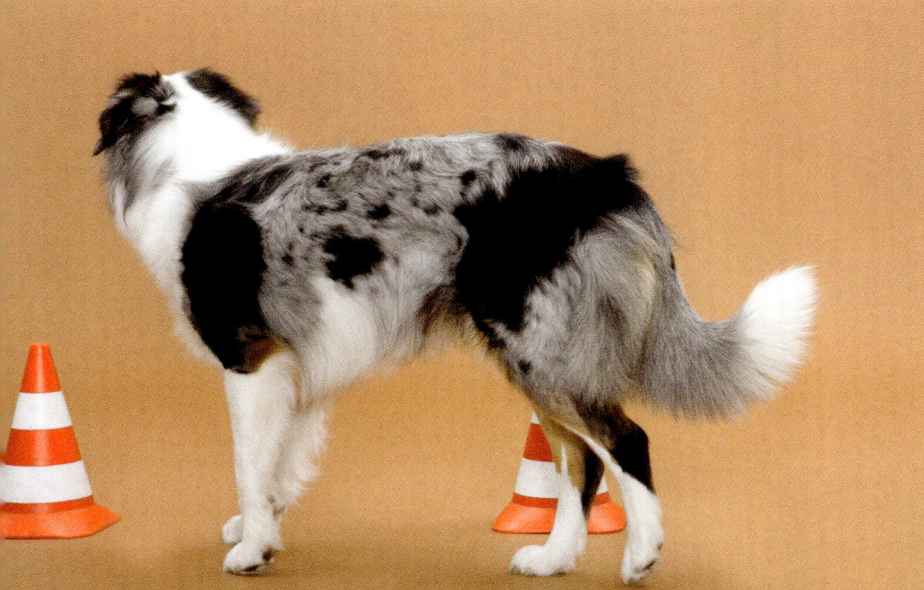

STANGENARBEIT

Langsam über Hindernisse

Ziel — Ihr Hund lernt im langsamen Tempo Hindernisse zu übersteigen.

Nutzen — Die Stangenarbeit fördert zum einen die Gelenkbeweglichkeit. Denn der Hund muss, um über die Stangen zu steigen, die Gliedmaße richtig beugen. Er kann dafür nicht steifbeinig vor sich hin schlurfen. Die anderen Gliedmaßen am Boden müssen, wenn eine Gliedmaße gehoben wird, das Körpergewicht aufnehmen. Trainiert wird also gleichzeitig die Kraft. Darüber hinaus werden Koordination, Gleichgewicht und Konzentration gefördert sowie die Eigenwahrnehmung. Der Hund kann ja zum Beispiel nicht sehen, welcher Hinterlauf als Nächstes dran ist und wie hoch er ihn heben muss. Das muss er fühlen.

Voraussetzung — Ihr Hund kann relativ beschwerdefrei laufen. Leinenführigkeit ist von Vorteil. Bei ruhigeren Temperamenten oder bei längerem Üben funktioniert es sicherlich auch ohne Leine.
Der Boden sollte griffig sein.

Material — Cavalettis, Besenstil, Schrubber usw.

Umsetzung

Legen Sie eine Reihe von Stangen quer auf den Boden. Die Stangen können erhöht werden, zum Beispiel über das Auflegen auf Kartons. Natürlich kann man sich Cavalettis bauen oder fertig kaufen. Aber genauso tut es Besenstil, Schrubber usw. Führen Sie nun Ihren Hund in kontrolliertem Tempo über die Stangen. Schritt für Schritt. Er wird versuchen, die Hindernisse nicht zu berühren. Ihr Hund soll dabei nicht springen, sonst ist die Höhe eventuell zu hoch gewählt. Die Abstände zwischen den Stangen und die Höhe können verändert werden. Leckerchen sind eher ablenkend und besser nur nach dem Absolvieren zu geben.

Häufigkeit

Die Stangenarbeit kann bis zu fünf Minuten mit Pausen durchgeführt werden.

Besonderheit

Selten verfügen Hunde über ausgesprochen wenig Körpergefühl. Sie büffeln eventuell über die Stangen und treten überall dagegen. Dann ist so eine Übung erst recht angesagt, um etwas mehr Sensibilität zu erlangen.
Hilfreich kann zusätzlich der Einsatz von sogenannten Körperbändern sein. Dafür gibt es tolle Anregungen in der Tellington-Arbeit (siehe Literatur S. 155).

Variante

Die Übung kann über die gespreizten Beine des sitzenden Besitzers durchgeführt werden.
Die Stangen können in einem gedachten Kreis gelegt werden. Dadurch kombiniert man die Übung mit den Trainingseffekten aus dem Slalomlaufen.

POSITIONSWECHSEL

Von SITZ zu PLATZ und PLATZ zu SITZ

Ziel — Ihr Hund nimmt auf Signal die verschiedenen Positionen Sitz, Platz, Steh ein.

Nutzen — Die Übergänge von Steh zu Sitz und Platz sowie von Sitz zu Platz und umgekehrt kräftigen die Muskulatur und fördern die Gelenkbeweglichkeit.

Voraussetzung — Von Vorteil ist das Beherrschen der Grundsignale SITZ, PLATZ, STEH. Wichtig ist ein griffiger, rutschfester Untergrund. Vor allem für das Aufstehen. Der Hund sollte möglichst beschwerdefrei sein. Für diese Übung ist das relativ kritisch zu sehen, da es tatsächlich viele Hunde gibt, die sich aufgrund ihres körperlichen Zustands sehr mühsam ablegen und aufstehen sowie weder dauerhaft stehen noch sitzen können.

Umsetzung — Die Positionen Steh, Sitz, Platz werden abwechselnd eingenommen. Über die Signale oder über das Locken mit Leckerchen. Mehr Körperspannung wird im Sitz aufgebaut, wenn der Hund nach vorne-oben gelockt wird. Das trainiert vor allem die Rücken- und Kruppenmuskulatur. Vom Steh zum Platz und umgekehrt ist zu beachten, dass der größere Trainingseffekt entsteht, wenn vorne und hinten zur gleichen Zeit abgesunken oder aufgestanden wird. Meist weichen die Hunde zu ihrer „Schokoladenseite" aus. Das kann ebenfalls durch die Blickrichtung zu einem Leckerchen etwas korrigiert werden.

Häufigkeit — Zwischen fünf und zehn Wiederholungen je Übergang. Besser öfter am Tag in kurzen Sequenzen üben.

Besonderheit — Beobachten Sie Ihren Hund in den Positionen Sitz, Platz und Steh. Belastet Ihr Hund zum Beispiel im Stand alle vier Gliedmaßen gleichmäßig? Ein Indikator dafür sind die Pfoten. Sind bei einer Pfote die Zehen auf dem Boden nur angedeutet, wird dieses Bein entlastet. Andere Zehen sind durchgetreten oder gespreizt. Diese Pfoten nehmen vermehrt Last auf. Ist ein Bein zusätzlich noch ausgestellt? Das sind Abweichungen, die, wenn sie gehäuft auftreten, mit einem Tierarzt oder Physiotherapeuten abgeklärt werden sollten.
Das Gleiche gilt für die Position Sitz. Manche Hunde haben damit wirklich Schwierigkeiten. Es kostet Kraft – insbesondere in der Kruppenmuskulatur. Hunden mit einer Hinterhandschwäche fehlt diese häufig. Sitz wird oftmals in einer Schonhaltung ausgeführt. Nach links oder rechts abgerutscht. Oder auf dem Hintern, ohne jegliche Körperspannung.

Viele Hunde, insbesondere ältere, haben durch massive Rückenprobleme einen so steifen, schmerzhaften Rücken, dass sie sich kaum ablegen können.

Variante — Eine Steigerung des Schwierigkeitsgrades ist im Kapitel Laufarbeit unter Outdoor-Körperarbeit beschrieben (siehe S. 132).

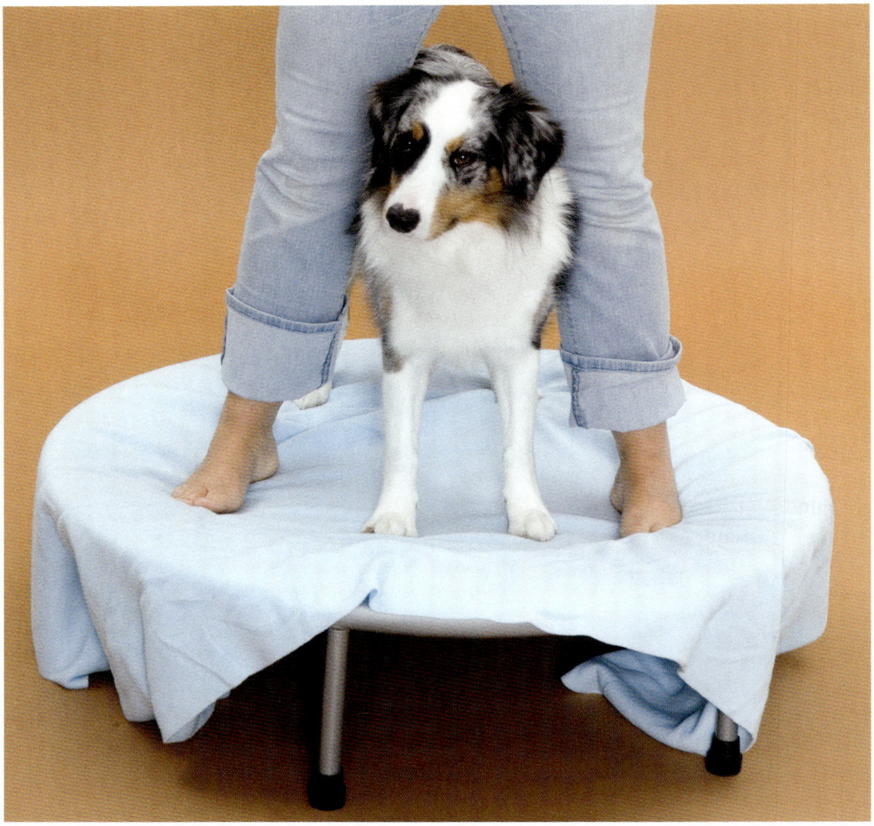

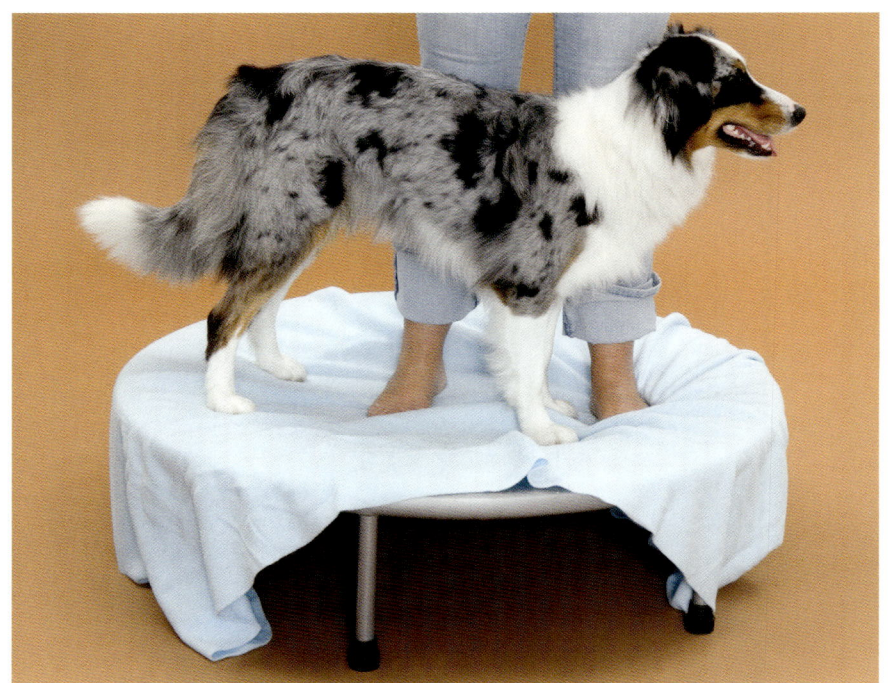

TRAMPOLIN

Alles im Gleichgewicht

Ihr Hund lernt im Stand oder Sitz Ihre Bewegungen auf einem weichen Untergrund auszugleichen. — **Ziel**

Ihr Hund trainiert auf sehr schonende Art und Weise seine komplette Muskulatur, da keine Gelenkbewegung stattfindet. Gleichzeitig schult er wieder Eigenwahrnehmung und Gleichgewicht. — **Nutzen**

Ihr Hund kann beschwerdefrei sitzen oder stehen. Er hat keine knöchernen Veränderungen an der Wirbelsäule (zum Beispiel Spondylose). — **Voraussetzung**

Ein Trampolin, das wegen der Verletzungsgefahr abgedeckt werden sollte. Die Hunde laufen sonst Gefahr, mit den Krallen in den Federn hängenzubleiben. Statt auf einem Trampolin kann die Übung auf allen anderen weichen Untergründen durchgeführt werden (wenn der Hund darauf darf!). Wie zum Beispiel das Sofa, Bett oder eine ausgediente Matratze. — **Material**

Der Besitzer ist gemeinsam mit dem Hund auf dem Trampolin.

Position 1: Ihr Hund steht oder sitzt zwischen Ihren Beinen. Verlagern Sie nun Ihr Gewicht vom linken auf das rechte Bein und zurück. Langsam. Rhythmisch. Ihr Hund gleicht über Anspannung seiner Muskulatur die Veränderung aus. Im Sitz ist wieder im besonderen Maß die Kruppenmuskulatur gefordert, im Stand verstärkt die Muskulatur der Läufe.

Position 2: Ihr Hund steht seitlich vor Ihnen. Einer Ihrer Füße ist unter dem Bauch, der andere hinter den Hinterläufen bzw. vor den Vorderläufen. Die Gewichtsverlagerung wirkt vorwiegend stärkend für die Hinter- oder Vorhand.

Mit einem Schal, einem Handtuch oder der Hundeleine um den Bauch werden die Hunde gehindert, sich allzu schnell abzusetzen oder zu legen. — **Umsetzung**

Die Übung kann am besten in mehreren Intervallen bis zu ein bis zwei Minuten Länge durchgeführt werden. Obwohl sehr wenig offensichtlich passiert, ist das Trampolin für die Hunde sehr anstrengend. — **Häufigkeit**

Die Hunde müssen in der Regel langsam an die Übung herangeführt werden. Vielen ist der wackelige Untergrund erst einmal unheimlich. — **Besonderheit**

In der Hundephysiotherapie kommen häufig Schaukelbretter zum Einsatz, mit denen ähnlich gearbeitet wird. — **Variante**

PFOTE GEBEN

Gib mir Fünf / Spanischer Schritt

Ziel — Ihr Hund lernt im Sitz abwechselnd die linke und die rechte Vorderpfote zu geben.

Nutzen — Die Beweglichkeit des Vorderlaufs nimmt zu. Ihr Hund gewinnt an Kraft – auch in der stabilisierenden vorderen Gliedmaße –, während die andere Pfote gehoben wird. Deshalb sollten beide Läufe abwechselnd gehoben werden. Durch die Sitz-Position trainiert er gleichzeitig wieder seine Rücken- und Kruppenmuskulatur.

Voraussetzung — Ihr Hund kann die Sitz-Position halten und hat keine Schmerzen in den vorderen Gliedmaßen.

Umsetzung — Stetzen Sie Ihren Hund auf einem rutschfesten Untergrund ab. Zum Üben werden reichlich Leckerchen bereitgehalten. Zeigen Sie ihm das Leckerchen und belohnen Sie jegliche Bewegungen der Pfoten. Eventuell können Sie auch nach der Pfote greifen. Später können Sie das Signal PFOTE etablieren. Bei manchen Hunden reicht es, wenn sie das Leckerchen nur erahnen oder wenn man die Handinnenfläche zu ihnen dreht.

Häufigkeit — Bis zu 20 Wiederholungen auf beiden Seiten. Gerne mehrmals am Tag.

Pfötchen geben ist bei den meisten Hunden schon im alltäglichen Bettelrepertoire vorhanden. Das ist eine Übung, die in der Regel sehr gerne von Kindern trainiert wird.

Beim Signal GIVE ME FIVE streckt der Hund die Pfote noch höher. Er winkt quasi. Halten Sie Ihre Hand gegen seine Pfote, umfassen Sie diese aber nicht. Ihr Hund muss selbst die Kraft aufbringen, diese Position zu halten. Im Verlauf des Übens wird die Dauer, in der die Pfote in der Luft ist, verlängert.

Für das Einüben des sogenannten Spanischen Schritts lernt der Hund die Vorderpfoten im Stand statt im Sitzen hochzuheben. Die Kraftkomponente für die Beine, insbesondere dem stützenden Vorderlauf, nimmt dabei zu. Wenn der Hund dies im Stand sicher abwechselnd zeigt, kann er motiviert werden, die Pfoten besonders hoch zu heben und dabei vorwärts zu gehen. Das entspricht in der Reiterei dem Spanischen Schritt.

Besonderheit

Variante

STRECKEN UND DEHNEN

Streck dich / Kompliment

Ziel Ihr Hund lernt seine Hinter- und Vordergliedmaßen auf Signal zu dehnen.

Nutzen Die Beweglichkeit in den Extremitäten und im Rücken wird geübt. Die Muskulatur wird auf Aktivitäten vorbereitet. So könnte vor jedem Spaziergang zusätzlich zur vom Hund selbst angebotenen Dehnung noch zwei- bis dreimal auf das Signal hin gearbeitet werden.

Voraussetzung Das Signal STEH ist für das Kompliment hilfreich.
Ihr Hund darf keine Probleme an der Halswirbelsäule haben.

Umsetzung Für STRECK DICH muss Ihr Hund die Bewegung von sich aus anbieten. Sie wird dann von Ihnen konsequent mit dem Signal belegt. Ihr Hund tut dies im Normalfall von sich aus, nachdem er längere Zeit gelegen hat oder zum Beispiel vor einem Spaziergang. Nach hinten durch das abwechselnde Ausstrecken der Beine und nach vorn durch das Absenken des Rumpfes bei gestreckten Vordergliedmaßen.

Für das KOMPLIMENT – dem Absenken der vorderen Gliedmaßen im Stand – können Sie Ihren Hund mit einem Leckerchen locken. Ihr Hund steht seitlich vor Ihnen. Das Leckerchen halten Sie von hinten zwischen seine Vorderläufe. Ihr Hund wird nach unten schauen und versuchen, es zu erreichen. Dabei müssen Sie ihn davon abhalten, nach hinten zu treten oder sich abzulegen (Hand unter dem Bauch). Wenn er nach dem Leckerchen angelt, kann die Hand weiter nach hinten genommen werden. So muss sich Ihr Hund vorne absenken. Nimmt er das Leckerchen, können Sie ihm sofort ein zweites vor die Nase halten, bevor er wieder nach oben kommt.

Die Übung erfordert etwas Geduld und Geschick, damit der Hund tatsächlich in der gewünschten Art und Weise nach dem Leckerchen sucht und sich nicht irgendwie wegzappelt. Als Signal können Sie zum Beispiel DANKE einführen.

Signal

Hat Ihr Hund Probleme am Bewegungsapparat, wird er sich eventuell nicht mehr von alleine in alle Richtungen strecken. Darauf sollten Sie unbedingt Rücksicht nehmen und die Übung nur durchführen, wenn er die Dehnung von alleine anbietet. Bei Exemplaren, die für ein Leckerchen alles machen, müssen Sie Ihren Hund gut beobachten, ob er beschwerdefrei ist.

Besonderheit

105

Dehnung von Nacken- und Rumpfmuskulatur

Ziel
Ihr Hund lernt, sich durch aktive Bewegung zu dehnen.

Nutzen
Die Übung schult die Beweglichkeit und kräftigt die Muskulatur, da die Bewegung aktiv erfolgt.

Voraussetzung
Ihr Hund sollte keine knöchernen Veränderungen an der Wirbelsäule haben, wie zum Beispiel Spondylosen.

Umsetzung
Ihr Hund steht auf einem rutschfesten Untergrund. Sie stehen hinter Ihrem Hund und führen Ihre Hand, die mit Leckerchen bestückt ist, links oder rechts von der Schnauze bogenförmig zum Rücken. Ihr Hund folgt mit seinem Kopf dem Leckerchen, um es zu erreichen. Geht die Hand bis etwa zum Ende des Brustkorbs, wird vorwiegend der Hals gebeugt. Wenn die Hand weiter nach hinten in Richtung Rute geführt wird, kommt die Bewegung beim Hund aus dem Rumpf. Die Höhe der Hand kann dabei variieren. Mit der zweiten Hand können Sie Ihren Hund auf Höhe des Oberschenkels halten, damit die Hinterhand bei der Nacken- oder Rumpfbewegung nicht ausweicht.

Genauso können Sie Ihre Hand mit dem Leckerchen nach oben und unten vor dem Hundekopf bewegen. Ihr Hund folgt wieder – dadurch beugt oder streckt sich die Nackenmuskulatur in der Vertikalen.
So werden die verschiedenen Partien des Rückens gedehnt. Dabei wird nie aktiv vom Hundehalter eingegriffen, zum Beispiel nachgedrückt und gewippt. Passive Dehnungen gehören nur in die Hände von geschulten Physiotherapeuten. Die Bewegung geht nur so weit, wie der Hund sie anbietet. Die Führung erfolgt am besten sehr langsam. Dann ist die Übung besonders intensiv.

Jede Richtung drei- bis fünfmal.

Häufigkeit

Diese Übungen sind sehr gute Aufwärmübungen für den Hundesport wie dem Agility. Es bereitet die Hunde unter anderem auf die Wendungen und den Slalom vor.

Besonderheit

Auf die Seite legen / Rolle rum / Auf dem Rücken von links nach rechts rollen

Ziel

Ihr Hund legt sich auf die Seite.
Er dreht über den Rücken,
bleibt auf dem Rücken liegen
und legt die Hinterläufe abwechselnd nach links und rechts ab.

Nutzen

Von der Übung profitiert die Beweglichkeit des Rumpfes.
Die Rücken- und Bauchmuskulatur wird gestärkt.

Voraussetzung

Die Übung „Auf die Seite legen" kennen viele bereits unter den Signalen PENG, TOTER HUND. Ihr Hund sollte keine knöchernen Veränderungen an der Wirbelsäule haben, wie zum Beispiel Spondylosen.

Vorsicht! Die Übung frühestens zwei Stunden nach einer Mahlzeit beginnen, um das Risiko einer Magendrehung zu minimieren.

Umsetzung

Gearbeitet wird auf einem relativ weichen Untergrund. Das schont die Wirbelsäule. Insbesondere bei sehr knochig gebauten Hunden, die keine komfortable Schutzschicht über den Wirbeln haben. Der Hund begibt sich in die Position Platz. Falls noch kein Signal für das „Auf-die-Seite-legen" etabliert ist, wird er von Ihnen per Leckerchen dazu bewegt, sich auf die Seite zu legen. Das tut er in der Regel nur, wenn er entspannt ist. Manche Hunde sind schon zu aufgeregt, wenn sie „bei der Arbeit" sind. Also empfiehlt es sich bei den besonders eifrigen Hunden, diese Übung losgelöst vom normalen Programm in Ruhephasen auszuprobieren.

Liegt der Hund auf der Seite, können Sie seine Aufmerksamkeit so manipulieren, dass er versucht, auf die andere Seite zu schauen und schließlich sich umzudrehen. Alles ist erlaubt: Leckerchen, Spielzeug, usw. Bei vielen ist Bauchkraulen der beste Auslöser damit der Hund auf den Rücken rollt! Auch das Nachhelfen ist o.k., indem man die Läufe selbst sanft mitdreht. So lange, bis der Hund das von alleine tut.

Zum Teil klappt ROLLE RUM auch leichter aus dem Stand, wenn der Hund sich mit Schwung hinlegt und sich dann sofort über den Rücken rollt. Wenn das so etabliert wird, ist der größere Trainingseffekt für die Muskulatur allerdings, wenn die Übung langsam im Liegen erfolgt. Als Steigerung mit mehrfachem Wenden von links nach rechts. Als besondere Übung für die Muskulatur bleibt der Hund auf dem Rücken liegen – am Anfang noch von Ihnen gestützt – und dreht nur die Hinterläufe von links nach rechts.

Fünf bis zehn Wiederholungen

Es gibt Hunde, die sich aufgrund ihres Körperbaus nicht gerne über den Rücken drehen. Zum Beispiel die meisten Windhunde, deren Rücken schon meist sehr konvex geformt ist. Wenn der Hund das nie von alleine tut, sollte auf die Übung verzichtet werden.

Mit einem alten Kadaver bewaffnet, würde man die allermeisten Hunde zum ausgiebigen Wälzen einladen. Hat man ja aber nicht immer parat ...

Häufigkeit

Besonderheit

Variante

EDDIE AUF DREI BEINEN

Eine schwere Entscheidung

Eddie ist ein achtjähriger, stattlicher Stafford Rüden-Mix, dem vor zwei Monaten das Leben neu geschenkt wurde. Nach Wochen langer ungeklärter Lahmheit kam die niederschmetternde Diagnose aufgrund einer Röntgenuntersuchung: Eddie leidet an einem Osteosarkom (Knochenkrebs) am rechten Oberschenkel. Die Struktur des Knochens war schon weitestgehend zerstört. Da es noch keine Anzeichen von Metastasen in der Lunge gab – wohin diese Krebsform in der Regel streut – hat sich seine Besitzerin entschieden, einen ungewöhnlichen Weg zu wagen. Sie hat Eddie nicht „erlöst" – sie hat ihm Leben geschenkt. Der Hinterlauf wurde komplett amputiert. Die erste Zeit war schlimm. Denn Eddie war durch den schweren Eingriff geschwächt und wirkte deprimiert. Er, der immer so fröhlich war, reagierte kaum auf etwas, mochte nicht richtig fressen. Doch er erholte sich zusehends. Von Tag zu Tag kam die Lebensfreude zurück. Nach wenigen Wochen hat er sich vollständig regeneriert.

Er ist jetzt auf drei Beinen munter wie eh und je. Und dabei erstaunlich geschickt im Umgang mit seiner Behinderung. Er schwimmt regelmäßig, um den übrigen Beinen stabilisierende Muskulatur zu verschaffen. Wärme und Massage für den Rücken verhindern Schmerzen aufgrund des eigenwilligen Laufstils.

Die Entscheidung war nicht einfach: Eddie ist nicht mehr der Jüngste. Er ist groß und schwer. Jeder hätte Verständnis gehabt, wenn sie anders ausgefallen wäre. Zumal es wahrscheinlich ist, dass der Krebs Eddie wieder einholt. Aber bis dahin haben die beiden noch sehr viel Spaß zusammen!
Unser Wunsch wäre es, dass jeder, der so eine Entscheidung treffen muss, einmal einem Hund wie Eddie begegnet. Der im Leben steht – auf drei Beinen.

Im Leben angekommen

LAUFARBEIT

FLAX, ANGEBLICH 4 JAHRE ALTER RÜDE AUS SPANIEN – „NUR BLÖDSINN IM KOPF"

Flax lebt seit wenigen Monaten in Deutschland. Er ist absolut mobil, springt und rennt, was das Zeug hält. Sein Frauchen genießt das Zusammenleben mit einem gesunden Hund. Selbst der Besuch eines Fun-Agility-Seminars ist geplant, um ihrem kleinen Athleten gerecht zu werden und die Bindung zwischen ihnen zu vertiefen.

Ein Kriterium der Entscheidung für Flax war seine Körpergröße (45 cm, 16 kg). Selbst wenn er irgendwann mal Probleme mit dem Bewegungsapparat haben sollte, besteht die Chance, dass sich die Folgeschäden aufgrund der Schonhaltung für die übrigen Strukturen in Grenzen halten werden. Denn er ist relativ klein und leicht. Dass ein Mischling kein Garant für Gesundheit ist, hat die Besitzerin bei dem Vorgänger von Flax erlebt. Warum auch – Mischlinge können im Zweifel die Erbkrankheiten beider Elternteile vereinen.

116	Einführung in die Laufarbeit
118	Halsband oder Brustgeschirr
120	Hundemantel
122	Spaziergang
125	Am Fahrrad laufen oder joggen
126	Schwimmen
128	Spielen
130	Outdoor-Kopf-und Nasenarbeit
132	Outdoor-Körperarbeit
134	Orthopädische Hilfsmittel

EINFÜHRUNG IN DIE LAUFARBEIT

> Auszug aus dem Tierschutzgesetz über „Allgemeine Anforderungen an das Halten von Hunden"
>
> (1) Hunden muss mindestens einmal täglich, ihrem Bewegungsbedürfnis entsprechend, ausreichend Gelegenheit zum Auslauf gegeben werden.
>
> (2) Hunden, die vorwiegend in geschlossenen Räumen, zum Beispiel Wohnungen, gehalten werden, muss mehrmals täglich die Möglichkeit zu Kot- und Harnabsatz im Freien ermöglicht werden.

Der Hund, ein Lauftier

Unsere Hunde sind Bewegungstiere. Manche mehr, andere weniger. Für viele Besitzer geht das so weit, dass sie ihren Hund, wenn er nicht mehr eigenständig mobil wäre, obwohl er ansonsten organisch gesund und schmerzfrei ist, „erlösen" würden. Die Frage ist dabei, wer wird erlöst? Ein Hund, der vielleicht mit einem Rollwagen noch ein tolles Leben gehabt hätte, oder ein Hundehalter, dem alles zu anstrengend und kompliziert wurde. Das ist eine spannende Diskussion, die uns in den nächsten Jahren hoffentlich verstärkt begleiten wird.
Im Kapitel Laufarbeit haben wir alle Aktivitäten, die draußen stattfinden, zusammengefasst. Vorher klären wir noch darüber auf, warum es für uns so schwer und gleichzeitig so wichtig ist, zu erkennen, ob unsere Hunde Schmerzen am Bewegungsapparat haben.

Schmerzempfinden

Selbst Wölfe, die für ihr ausgeprägtes Sozialverhalten bekannt sind, schließen in extremen Notsituationen Artgenossen, die aufgrund von Krankheit oder Verletzungen Schmerzen zeigen, aus dem Rudel aus. Das kann für das betroffene Tier den Tod bedeuten. Ein Wolf wird also vermeiden, seine körperliche Schwäche zu verraten.
Der Hund, der sich, evolutionär betrachtet, noch nicht weit vom Wolf entfernt hat, zeigt hier die gleichen Verhaltensmuster. Er versteckt seine Schmerzen instinktiv. Darüber hinaus gewöhnt er sich an die Schmerzen. Was er kennt, beurteilt er als normal. Die Einnahme einer Schonhaltung hilft ihm, die Schmerzen zu kompensieren. Die Tatsache, dass Hunde relativ „hart im Nehmen" sind, macht es uns Hundebesitzern natürlich nicht leichter. Probleme des Bewegungsapparats können so erst sehr spät auffallen. Wenn aus dem „komischen Gang", dem „seltsamen Hüpfen" oder dem Verweigern von gewohnten Bewegungsabläufen, zum Beispiel dem Springen ins Auto, auffällige Lahmheiten werden. Vor allem, weil es immer Momente geben kann (Spiel, Begrüßung, Jagd), in denen der Hund trotz allem wild herumtobt.

Umso wichtiger: Beobachten Sie Ihren Hund genau!
Wenn Sie Zweifel haben, konsultieren Sie bitte Ihren Tierarzt. Ihr Vierbeiner wird es Ihnen danken. Wenn er frühzeitig behandelt wird, schenken Sie ihm damit unter Umständen ein paar mobile und vor allen Dingen schmerzfreie Jahre.

HALSBAND ODER BRUSTGESCHIRR

„Zughunde"

Wenn ein Hund nie an der Leine läuft oder nie an der Leine zieht, ist es egal, ob Halsband oder Brustgeschirr verwendet werden. Aber die meisten Hunde ziehen eben doch hin und wieder. Und sei es nur, weil für sie der schwungvollere Trab die angenehmere Gangart ist als der langsame Schritt. Sie traben ein paar Schritte vor und lassen sich dann wieder zurückfallen. Oder weil der Lieblingsfeind Nr. 1 vorbeikommt. Oder weil Herrchen und Frauchen nicht an jeder Ecke stehen bleiben wollen, damit dort mal sachgemäß geschnüffelt werden kann. Gründe gibt es genug.

Jeder Zug am Halsband und damit Druck im Nacken geht dem Hund durch und durch. Der Druck auf die Halswirbel überträgt sich auf den Rest des Rückens. Die Muskulatur baut automatisch zur Gegenwehr Spannung auf, die auf Dauer sehr schmerzhaft sein kann. Die Bildung von Spondylosen an der Halswirbelsäule ist so begünstigt. Außerdem kann es zu Kehlkopfquetschungen und sogar einer Erhöhung des Augeninnendrucks kommen.

Alternative: Brustgeschirr

Alternative zu Halsbändern sind gut sitzende Brustgeschirre. Diese verteilen den Druck gleichmäßig auf den Brustkorb. Es gibt Exemplare, die mit Neopren unterlegt sind. Sie sind sehr weich, bleiben das auch, wenn sie nass werden. Manche lassen sich einfach über den Kopf ziehen und unter der Brust verschließen. Das ist komfortabler, als wenn der Hund beim Anlegen eine Pfote einfädeln muss. Insbesondere wenn Probleme am Bewegungsapparat bereits vorhanden sind.

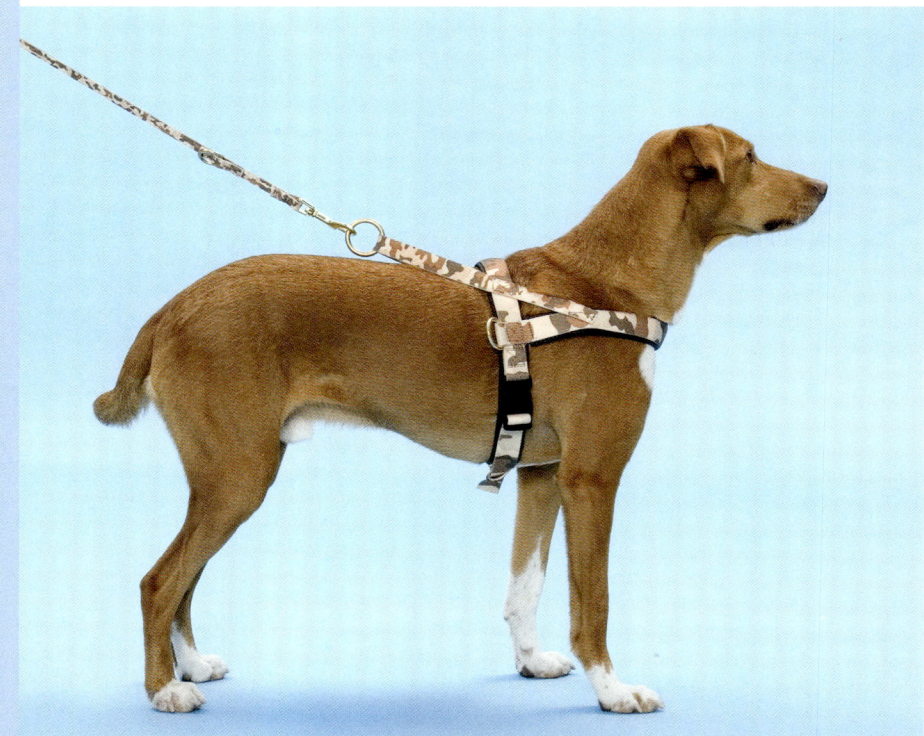

Wenn der Hund sich vor dem Brustgeschirr abduckt, kann es sein, dass ihm das Tragen unangenehm ist. Schauen Sie dann einmal darauf, wo die Öse für den Leinenkarabiner sitzt. Eventuell ist das eine Stelle am Rücken, die dem Hund wehtut.

Im Untersuchungsreport „Rückenprobleme beim Hund" zeigt der Hundepsychologe Anders Hallgren auf, dass ein Zusammenhang zwischen Rückenschmerzen und aggressivem bzw. gestresstem Verhalten bei Hunden besteht.
Knapp zwei Drittel der untersuchten Hunde hatten generell Beschwerden mit dem Rücken. Davon war fast die Hälfte aggressiv bzw. gestresst. Das war mehr als doppelt so viel wie in der Vergleichsgruppe ohne Rückenschmerzen.
Umgekehrt ist es sogar so, dass die meisten der durch Aggressionen oder Stress auffälligen Hunde auch unter Rückenschmerzen leiden. Bei den als sehr zurückhaltend beschriebenen Hunden waren es immerhin noch deutlich über zwei Drittel.
Der Rücken ist beim Hund zuständig für die Übertragung der Schubkraft von hinten nach vorn. Er ist sehr anfällig für Störungen bei jeglicher Veränderung am Bewegungsapparat, zum Beispiel bei der Einnahme von Schonhaltungen.
In unserer Praxis für Hundephysiotherapie treffen wir kaum auf einen Hund, der keine verspannte Rückenmuskulatur hat. Auch wenn das Hauptproblem woanders liegt (Ellenbogen, Knie, etc.). Der Rücken wird immer entspannend und damit schmerzlindernd mitbehandelt.

Rücken-
schmerzen

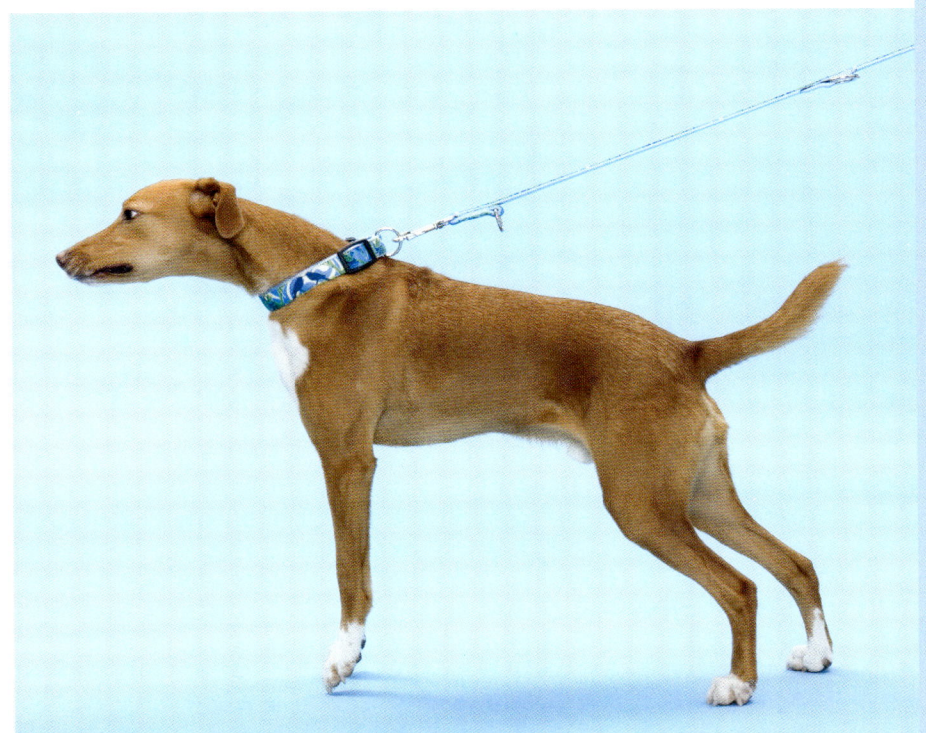

HUNDEMANTEL

Viele Hundebesitzer haben Sorge, dass sie für albern gehalten werden, wenn sie ihrem Vierbeiner in der kalten Jahreszeit mit einem Mantel etwas Gutes tun. Dabei macht es oft sehr viel Sinn. Sicher nicht für einen Hund, der komfortabel mit Unterwolle ausgestattet ist und kerngesund durch den Schnee springt. Aber eben für weitaus mehr Hunde, als man im ersten Moment denkt. Weil ihr Fell nicht für die kalte Jahreszeit gedacht ist. Weil sie aufgrund von Alter oder Krankheit nur sehr langsam unterwegs sind und deshalb wenig von der Bewegungsenergie als Wärmelieferant profitieren. Weil sie unter Rückenschmerzen leiden und sich die verspannte Muskulatur über jede Extraportion Wärme freut. Das gilt selbstverständlich erst recht für die nasskalten Tage. Die Wetterverhältnisse, bei denen es zum Beispiel den meisten unter Arthrose leidenden Hunden ohnehin besonders in den Gliedern schmerzt. So hält man zumindest schon mal den Rumpf warm und trocken.

Für jeden Geschmack

Mäntel gibt es mittlerweile in allen Varianten – wasserdicht oder zumindest abweisend, mit oder ohne wärmendem Futter. Die Schnitte sind sehr unterschiedlich. Wichtig ist, dass der Mantel am Rücken lang genug ist. Er sollte nicht beim leisesten Windhauch hochschlagen und den empfindlichen Kreuzbein-Bereich freigeben.
Bei Hunden mit langen Rücken und kurzen Beinen, wie Dackeln, sollte man den Mantel auf alle Fälle vor dem Kauf anprobieren. Am besten wäre ein spezieller Schnitt, damit der Mantel nicht beim Laufen an der Brust zu tief kommt und die Schulter in der Vorwärtsbewegung stört.

Für den Hundesport gilt: Wenn es kalt ist, sind Mäntel während und auch nach dem Training ein Muss. Sie verhindern, dass die Hunde in den Ruhephasen nicht auskühlen. Das gilt auch für Arbeitseinsätze wie der Rettungsarbeit. Selbst im Jägerzubehör gibt es mittlerweile Hundemäntel zu beziehen. Im Übrigen hat das Aufwärmen vor dem Training oder einem Wettkampf je nach Witterung eine Vorlaufzeit von maximal einer halben Stunde. Es sollte selbst in diesem Zeitraum optimalerweise unmittelbar vor dem Start aufgefrischt werden.

Hundesport

SPAZIERGANG

Die Anforderungen der Hunde an die Bewegung sind sehr unterschiedlich. Die Rasse spielt dabei eine große Rolle. Bei den Jungen und Alten muss man vorsichtiger sein. Gesunde Hunde haben einen größeren Spielraum als Hunde, die bereits am Bewegungsapparat erkrankt sind. Insbesondere bei chronisch verlaufenden Erkrankungen wie Arthrose, kann es durch Überlastung sehr schnell zu Problemen kommen. Auf der anderen Seite tut kontinuierliche Bewegung in diesen Fällen auch gut.

Gehen Sie lieber öfter kürzere Strecken als eine große Tour am Tag. Das heißt, mehrmals eine Laufzeit von 30 bis 45 Minuten statt mehrere Stunden am Stück.

Anzeichen von Ermüdung

Achten Sie darauf, wie Ihr Hund auf dem Heimweg unterwegs ist: deutlich langsamer und „trödelnd". Vielleicht verweigert er sogar den gewohnten Sprung ins Auto. Das können Zeichen für eine Überforderung sein. Nicht nur für „keine Lust auf zu Hause". Manche Hunde zeigen ihre Probleme aber auch erst nach der anschließenden Ruhephase.

Untergrund

Als Untergrund empfehlen sich natürlich Wald- und Wiesenwege anstatt Asphalt. Weiche federnde Untergründe sind für die Gelenke deutlich schonender. Wechselnde Bodenbeläge schulen dabei die Körperwahrnehmung des Hundes. Ein paar Meter über große flache Kieselsteine fördern zum Beispiel Konzentration und Gleichgewicht.

Falls der Hund angeleint sein muss, ist es gut, wenn das Tempo einem lockeren Trab des Hundes entspricht. Langsamer fallen die Hunde oft in einen Passgang mit einer starken seitlichen Schwenkbewegung im Rücken. Diese kann dauerhaft zu Beschwerden führen. Dabei ist es generell sinnvoll, den Hund während einer Runde für ein paar Minuten bewusst im Schritt, also sehr langsam, gehen zu lassen. Sofern dies nicht aufgrund seines Alters die ohnehin bevorzugte Gangart ist. Wenn Hunde nämlich ausschließlich traben, kommt es in den Gelenken nur zu sehr punktuellen Belastungen. Das führt auf Dauer zu Schäden an den Knorpeln und kann Arthrosebildung begünstigen. Im Schritt werden die Gelenkflächen hingegen gleichmäßig, komplett und dafür mit geringerem Druck belastet.

Tempo

Lassen Sie Ihre Hunde für Schrittphasen bei Fuß gehen oder wird dies im Training gefordert, ist es besser, wenn der Hund Sie nicht anschaut. Durch den Blickkontakt – vor allem, wenn er stets auf der gleichen Seite geführt wird – kommt es zu einer einseitigen Belastung der Halsmuskulatur und der Vordergliedmaßen.

Blickkontakt

AM FAHRRAD LAUFEN ODER JOGGEN

Das gleichmäßige Traben am Fahrrad oder als Jogging-Begleiter ist für gesunde Hunde eine sehr gute Bewegungsmöglichkeit. Allerdings ist es mit der Ausnahme von wirklichen Laufhunden kein sinnvoller Ersatz für die täglichen Spaziergänge, sondern im Sinne eines Trainings zu empfehlen. Zum Beispiel dreimal in der Woche bis zu 45 Minuten. Der Körper braucht die Zeit dazwischen, um zu regenerieren.
Bei jungen, alten oder kranken Hunden muss wieder Vorsicht walten. Junge Hunde, insbesondere von großwüchsigen Rassen, müssen bei jeglicher Bewegung sehr schonend antrainiert werden. Und zwar nach Abschluss der Wachstumsphase. Bei alten und am Bewegungsapparat erkrankten Hunden ist unbedingt zu beachten, dass die Hunde schmerzfrei sind. Dann kann man mit kurzen Distanzen beginnen. 5 bis 10 Minuten, steigern bis maximal 30 Minuten.

Der Hund sollte beim Joggen oder Am-Rad-Laufen, wenn er angeleint ist, mit einem Brustgeschirr geführt werden. Die Leine sollte dabei locker durchhängen und in der Hand gehalten werden, damit Sie auf Richtungs- oder Tempowechsel Ihres Hundes reagieren können. Hängt der Hund an einem Bauchgurt oder Fahrradwinker, und vielleicht auch noch mit einem Halsband, kann es sonst zu ungewollten, unkontrollierten Einwirkungen auf die Halswirbelsäule kommen. Der Hund muss am Fahrrad ohnehin so sicher und konzentriert laufen, dass er seinen Menschen nicht bei der erstbesten Gelegenheit vom Sattel reißt. Natürlich gilt: Die Leine darf nie um den Lenker oder um die Hand gewickelt sein. Im Zweifel müssen Sie sofort loslassen können.

Brustgeschirr

Das Tempo muss so reduziert sein, dass der Hund nicht galoppiert. Er muss die Möglichkeit haben, für eine Pause anzuhalten. Auch ohne Leine ist es günstiger, wenn man den Hund in der unmittelbaren Nähe hält. Damit er nach Schnüffel- oder Begrüßungspausen mit anderen Hunden nicht kilometerweit galoppieren muss, bis er Sie wieder eingeholt hat. Zumal es auch nicht rücksichtsvoll gegenüber Hundebesitzern ist, wenn Ihr Hund sich außerhalb Ihres Kontrollbereichs bewegt. Außerdem hat das gleichmäßige Laufen, ohne allen Umweltreizen zu folgen, einen sehr positiven Einfluss auf die Psyche des Hundes.

Tempo

Damit nicht mit der Anschaffung eines Hundes alle größeren Fahrradtouren aufgegeben werden müssen, gibt es die Möglichkeit, sich einen Fahrradanhänger zu bauen oder zu kaufen. Ausrangierte Anhänger für Kinder sind sehr stabil, haben aber eine Stufe, auf der die Kinder normalerweise sitzen. Je nach Hundegröße ist die störend. Sobald der Hund sich an die neue Art der Mobilität gewöhnt hat, bietet sich die Chance, den Radius wieder zu erweitern. Zum Beispiel, indem man erst ein Stück fährt und dann den Hund auf einem weichen Waldboden eine Teiletappe selbst laufen lässt.
Auch für Wanderungen gibt es im Übrigen schon Hundewagen – auch in sehr sportlichen Trekkingvarianten.

Fahrradanhänger

SCHWIMMEN

Das Schwimmen ist eine hervorragende Möglichkeit zum gelenkschonenden Muskel- und Konditionsaufbau für Hunde. Gemeint ist damit nicht ein wildes Spiel um ein Stöckchen am Wasserrand oder das Baden bis zum Bauch. Es geht um das andauernde Schwimmen (mehrere Intervalle jeweils bis zu 5 Minuten lang – Labradore und ähnliche Wasserhunde auch mehr). Wobei das Schwimmen für Hunde sehr anstrengend ist.

> **Zum Vergleich: Zehn Minuten Dauerschwimmen hat für Hunde den gleichen Trainingseffekt wie eine Stunde am Fahrrad laufen.**

Also heißt es, ganz langsam einzusteigen, insbesondere wenn der Hund womöglich Probleme mit dem Herzen hat. Das sollte besser vorher abgeklärt sein.

Schwimm- westen

Hunde, die Gegenstände apportieren, sollten diese also bereits im Wasser abgeben und erneut geworfen bekommen. Wenn ein Hund nicht durch den Spieltrieb zum dauerhaften Schwimmen bewegt werden kann, kann man ihn im Wasser festhalten. Der Hund schwimmt so – genauso effektiv – auf der Stelle. Dabei können Schwimmwesten sehr hilfreich sein, durch deren Griff man die Hunde auf Abstand hält, um nicht versehentlich von den Krallen gekratzt zu werden. Sie geben den Hunden außerdem etwas Auftrieb und dadurch mehr Sicherheit sowie eine bessere Wasserlage.

Die Wasser- und Außentemperatur sollte je nach Empfindlichkeit des Hundes nicht zu niedrig liegen (Wasser knapp unter 20 Grad, Luft über 20 Grad). Insbesondere bei kranken oder alten Hunden kann es sonst dazu führen, dass sich das Gangbild kurzfristig sehr verschlechtert. Die Muskulatur reagiert sehr empfindlich auf die Kälte. Ein guter Gradmesser ist, dass die Begleitperson zum kontinuierlichen Schwimmtraining in der Regel mit ins Wasser muss. Je nachdem wie groß der Hund ist, reicht eventuell der Gang ins Nass bis zu den Knien. Wenn es dafür extrem viel Überwindung braucht, ist es wahrscheinlich auch für den Hund zu frostig.

Temperaturen

In diesem Zusammenhang ist es nahezu unglaublich, dass die Jagdsaison für Enten zum Beispiel im tiefsten Winter ist. Die Jagdhunde holen die geschossene Beute selbstverständlich auch bei Minusgraden aus dem Wasser. Da wundert es nicht, dass es unheilbare Erkrankungen an der Muskulatur gibt – typischerweise bei Jagdhunden auftretend –, die im Wesentlichen durch Kältereize verursacht werden.

Jagdsaison

SPIELEN

Spielertypen

Hunde besitzen in unterschiedlichem Ausmaß Spieltrieb. Manche versuchen mit jedem anderen Hund ein Spiel zu starten, andere fordern nur ihre festen Freunde auf, wieder andere gehen ohnehin jeder Begegnung aus dem Weg. Ein entscheidender Faktor ist dabei, wie der Spieltrieb des Welpen gefördert wurde. Deshalb sind „Import"-Hunde von der Straße oder generell aus schlechter Haltung oft viel weniger verspielt. Sicher ist es auch eine Frage der Rasse und des Alters. Nicht viele Hunde albern noch als Methusalem herum. Dennoch kann das Spielverhalten immer auch ein Indiz für Beschwerden jeglicher Art sein. Zum Beispiel wenn es sich in kurzer Zeit ändert. Wenn ohne erkennbaren Grund Sequenzen plötzlich abgebrochen werden, der Hund frühzeitig zu Ihnen kommt oder sich überhaupt schnell absetzt oder hinlegt. Oder wenn ein Hund versucht, den anderen spielerisch zu besteigen, der untere sofort herumfliegt und vehement abbricht. Das kann nicht nur daran liegen, dass ihm diese Dominanzgeste missfällt, sondern auch an der kaputten Hüfte oder dem schmerzenden Rücken. Das alles kann sogar unter Welpen vorkommen. Dann sind es eventuell wirklich Alarmzeichen für schwerwiegende Wachstumsstörungen.

Zu berücksichtigen ist stets, dass Buddeln, Toben, Zerren, Jagen, Ballspielen usw. für den Bewegungsapparat absolute Höchstleistungen darstellen. Selbst für einen gesunden Hund sollte das Spielen so gehandhabt werden, als wäre es ein richtiges Training. Zeitlich limitiert und mit ausreichend Phasen zur Erholung und am besten mit der Möglichkeit, sich vorab aufzuwärmen, um die Verletzungsgefahr zu minimieren.

Buddeln, toben, jagen

Wenn Ihr Hund bereits Probleme mit dem Bewegungsapparat hat, bedeutet das – zumindest bis er einigermaßen beschwerdefrei ist –, dass die Kontakte zu anderen Hunden sehr stark eingeschränkt werden müssen. Das ist vor allem für junge Hunde in der Rehabilitation ein richtiges Drama. Auf die Interaktion mit anderen Hunden komplett verzichten zu müssen, wäre wirklich nicht artgerecht. Auch wenn es Einzelgängerhunde gibt, die nicht unglücklich sind. Irgendwo muss ein Kompromiss gefunden werden. Das heißt, dass Sie als Besitzer Spiele zulassen, aber zeitlich eingrenzen. Also statt mehrmals täglich den Hund toben zu lassen, nur zwei- bis dreimal in der Woche. Wenn Sie feststellen, dass sich der Zustand dadurch nicht verschlimmert. Sonst müssten Sie die Sequenzen weiter einschränken oder die Auswahl der Spielpartner: eher Partner, die nicht zu grob ans Werk gehen, vielleicht sogar deutlich kleiner und leichter sind als Ihr Hund. Denken Sie daran: Ihr Hund wird während des Spiels, dank der Endorphin-Ausschüttung, nichts spüren. Erst hinterher.
Ganz besonders gilt, dass Zerrspiele in jeglicher Form einen erheblichen Stress für die Gelenke und insbesondere für die Wirbelsäule bedeuten. Bei vorgeschädigten Hunden sind sie unbedingt einzuschränken.

Spielphasen

Bei manchen Hunden hat der Spieltrieb ganz traurige Auswüchse. Es gibt regelrechte Ball-Junkies. Hunde, die bellen, kreischen, jaulen und überhaupt alles tun, nur damit wieder ihr Ball geworfen wird. Sie nehmen von ihrer Umwelt nichts mehr wahr. Der Besitzer ist zur Ballwurfmaschine degradiert. Körperlich ist das für den Hund ein Desaster. Es gibt kaum etwas, was mehr zu Spätschäden führen kann, als das verrückte Gehopse, um einen Ball zu fangen. Aber auch mental ist ein Hund nach so einer Runde kein bisschen ausgeglichener oder zufriedener. Sondern in der Regel nur superüberdreht. Das ist Stress pur für alle Beteiligten. Aber auch den Ballverrückten können andere Aufgaben schmackhaft gemacht werden. Und sei es nur, den Ball zu suchen, nachdem er versteckt wurde.

Ball-Junkies

Wie lange die Phase der Rehabilitation andauert, insbesondere ab wann man den Hund nach einem Eingriff wieder voll belasten darf und damit unter anderem ableinen kann, ist abhängig von der Krankheit und der Operationsmethode. Hier gilt es, sich immer an die Anweisungen des Tierarztes zu halten.

OUTDOOR-KOPF- UND NASENARBEIT

Die Übungen der Kopf- oder Nasenarbeit sind im Freien auf einem Spaziergang ungleich schwieriger durchzuführen als zu Hause. Es gibt wesentlich mehr Reize, die die Hunde in der Konzentration stören. Darin liegt aber auch die Herausforderung, wenn Sie mit Ihrem Hund intensiver arbeiten wollen.

Ort

Die erste Aufgabe ist, einen geeigneten Platz zu suchen. Im Idealfall eine möglichst hundefreie Zone. Denn es ist kaum anzunehmen, dass andere Besitzer auf Ihr Vorhaben Rücksicht nehmen und ihre Hunde davon abhalten, die von Ihnen versteckten Leckerchen zu fressen. Zumal Ihr Hund dann vielleicht auch mehr mit verteidigen als mit suchen beschäftigt wäre.

Übungsaufbau

Beginnen Sie mit einer Übung draußen, müssen Sie in der Regel ein paar Schritte im Übungsaufbau zurückgehen. Selbst Signale, die in ruhiger Atmosphäre wie eine Eins sitzen, werden dank Vogelzwitschern, Kaninchenduft, Fahrradklingeln oder Ähnlichem zum Totalreinfall. Distanzen können verringert oder Auswahlmöglichkeiten reduziert werden.

Übungsgruppen

Sicherlich macht es draußen noch mehr Spaß, wenn man die Übungen zusammen mit anderen Teams erarbeitet. Auch das stellt eine zusätzliche Herausforderung dar. Sowohl für die Wartenden, die ihre Hunde so lange ruhig halten müssen als auch für die, die dran sind, den Hund auf die jeweilige Übung zu konzentrieren. Aber es lohnt sich. Denn es ist immer spannend, andere Hunde bei der gleichen Aufgabe zu sehen.

Treibball

Die Übung „Ball durch den Parcours schieben" (siehe S. 52) bietet sich besonders für das Outdoor-Training an. Statt in einem Parcours kann der Hund den Ball um Bäume oder Ähnliches schieben. Als Begrenzung können große Stöcke dienen, damit der Ball bei zu viel Schwung nicht davonrollt. Wer hier die Begabung seines Hundes entdeckt, kann sich an die junge Hundesportdisziplin Treibball wagen. Sie wurde von Jan Nijboer entwickelt, in erster Linie zur Förderung der Hütehunde.

Die Wurstschleppe

Der Hund folgt einer Duftspur, die mittels einer Wurstschleppe für ihn gelegt wurde.

Bei Hunden mit Problemen an den Vorderläufen oder der Halswirbelsäule nicht so häufig und intensiv betreiben.

Plastikbeutel, Schnur, Nadel, Gemisch aus Wurst oder Fleisch mit Wasser

Der Plastikbeutel wird mit dem angesetzten Wassergemisch gefüllt und fest verschlossen. An das Ende kommt eine etwa ein Meter lange Schnur. Mit einer Nadel wird ein kleines Loch in den Beutel gestochen. Die Flüssigkeit soll langsam und tropfenweise herauskommen. Der Hund riecht daran und muss am besten außer Sichtweite warten (eventuell Hilfe von einer zweiten Person). Beim Loslaufen zieht man den Beutel an der Schnur hinter sich her, bis man außer Sichtweite ist. Die Tropfen hinterlassen eine Spur. Auf Signal folgt der Hund der Spur und wird für das Auffinden des Beutels belohnt. Am Ende mit dem Jackpot: dem Inhalt des Beutels.
Mit der Zeit steigert man die Anforderung über längere und/oder kurvenreichere Strecken; über „Spuraussetzer" von bis zu einigen Metern; über die Menge, die immer sparsamer heraustropft.

Für fortgeschrittene Hunde kann man trockene Wurst oder Ähnliches in einem Obstnetz über den Boden ziehen. Nur der Geruch bleibt so haften.

Ziel

Voraussetzung

Material

Umsetzung

Variante

OUTDOOR-KÖRPERARBEIT

Slalomlaufen

Sehr viele Übungen der Körperarbeit lassen sich ganz einfach in die täglichen Spaziergänge integrieren. Zum Beispiel das Slalomlaufen. Indem man Kreise um Bäume dreht oder irgendwelche Poller als Stangen zur Absolvierung nutzt. Oder man legt sich ein paar Stöcke im Wald an den Wegesrand und lässt jedes Mal den Hund darübersteigen. Mit etwas Glück liegen sie eine Weile, wenn kein anderer Hund sie zum Apportieren klaut.

Vor- und Hinterhand

Es gibt aber auch die Möglichkeit, den Schwierigkeitsgrad der Übungen draußen zu erhöhen. Wenn zum Beispiel eine Reihe von Stangen am Straßenrand steht und der Hund zusätzlich die Bordsteinkante auf und ab bewältigt. Oder wenn die Positionsänderungen am Hang oder mit Stufen geübt werden. Steht dabei die Vorhand erhöht, kommt mehr Gewicht auf die Hinterhand – die Muskulatur wird stärker trainiert. Diese Variante kommt sicherlich häufiger zum Einsatz, da die meisten Probleme am Bewegungsapparat mit einer Hinterhandschwäche einhergehen. Aber auch umgekehrt kann geübt werden – also mit einer erhöhten Hinterhand, um mehr Gewicht nach vorne zu bringen. Oder wenn es um einzelne Gliedmaße geht, kann der Hund diagonal an einen Berg gestellt werden. Das niedrigste Bein trägt das meiste Gewicht.

Kiesel, Sand und Ackerboden

Der Hund geht im Schritt über unterschiedliche Untergründe. Wie zum Beispiel: Kieselsteine, Sand, Moos, Ackerboden …

Die Eigenwahrnehmung wird verbessert, Konzentration und Koordination geschult.

Es gibt unterschiedliche Untergründe auf den Spaziergängen – also nicht nur Asphalt …

Es wird bewusst nach verschiedenen Böden Ausschau gehalten und der Hund im Schritt darübergeführt. Der Hund geht langsam und achtet auf seine Pfoten. Er lernt, sich auf die Gegebenheiten einzustellen.

Für Hunde mit neurologischen Ausfällen am Bewegungsapparat ist diese Übung ein ganz wichtiger Bestandteil in der Rehabilitation.

Manche Hundeschulen bieten einen Wahrnehmungsparcours an (vor allem für Welpen zur Gewöhnung).

Ziel

Nutzen

Voraussetzung

Umsetzung

Besonderheit

Variante

ORTHOPÄDISCHE HILFSMITTEL

Viele Hilfsmittel können das Hundeleben erleichtern. Leider gibt es kein Schild: „Heute habe ich Schmerzen!" Diesen Schutz müssen Sie bieten: Akzeptieren Sie zum Beispiel kein Klopfen auf den Rücken Ihres Hundes zur Anerkennung. Achten Sie insbesondere auch auf unkoordinierte Aktionen von Kindern. Es ist nicht bekannt, wie viele „Beißunfälle" aufgrund unbedachter Zuwendungen passieren. Der liebste Schluff kann – falsch erwischt – reflexartiges Abwehrschnappen zeigen.

Gehhilfen

Mit dem Einsatz von Geh- bzw. Tragehilfen kann man zum Beispiel mit Hunden spazierengehen, die an den Hinterläufen stark geschwächt bis sogar gelähmt sind. Oder wenn aufgrund neurologischer Probleme starke Gleichgewichts- und Koordinationsschwierigkeiten bestehen. Als Dauerlösung oder in der Rehabilitation als Übergang gibt es hierfür sogar Hunderollwagen. Die Anschaffung ist für die meisten eine große Überwindung, teilweise sogar undenkbar. Wer aber mal einen Hund in seinem Wagen gesehen hat – wie er flitzt, seine Bedürfnisse erledigt, gegenüber anderen wieder eine große Klappe hat, wie er einfach nur lebt, – der wird seine Einstellung vielleicht ändern. Zum Glück gibt es immer mehr solcher positiven Beispiele.

Orthesen

Zur Stützung einzelner gelähmter Gliedmaßen gibt es mittlerweile in Deutschland maßgefertigte Orthesen. Das sind Schienensysteme, die zum Beispiel während eines Spaziergangs am Bein angebracht werden. Sie geben Halt und unterstützen die eingeschränkte Funktionsfähigkeit. Durch die Verwendung kann im Einzelfall eine Amputation vermieden werden.
Für weniger schwere Fälle gibt es als Stütze unterschiedliche Bandagen oder Schuhe, die zum Schutz der Pfoten gegen Wundlaufen angezogen werden.
Der Hundeexpander BIKO® unterstützt bei neurologischen Ausfällen wie Schleifen der Hinterpfoten oder Unsicherheiten in der Koordination der Hinterläufe. Vom ersten Schritt an.

> Die Rehabilitation gelähmter Hunde ist langwierig und arbeitsintensiv. Viele positive Beispiele geben dennoch Hoffnung, diesen Weg zu gehen. Ziel sollte es sein, dass kein Hund mehr deswegen eingeschläfert werden muss.

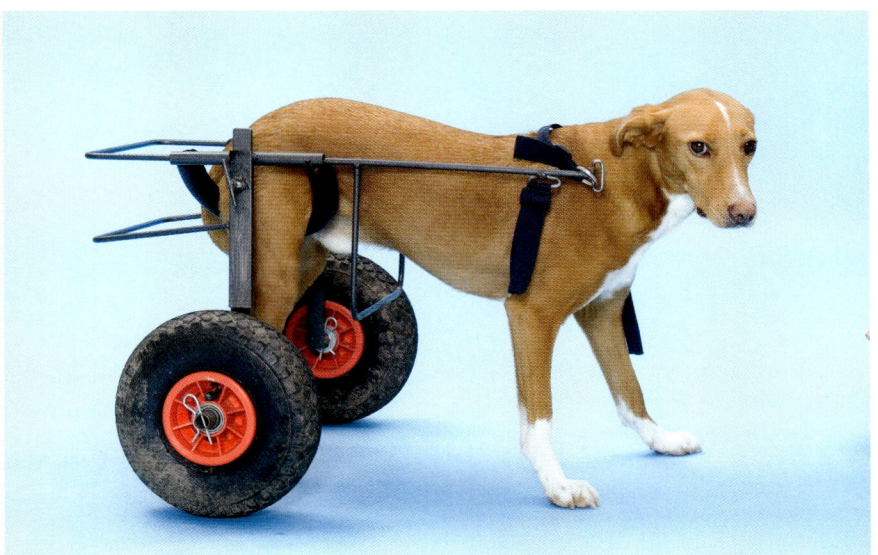

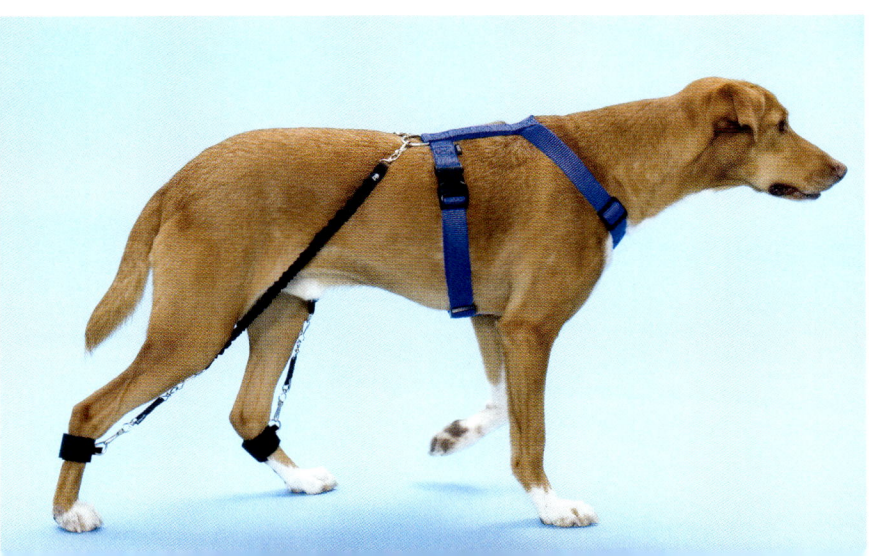

HENRY´S DRANG NACH BEWEGUNG

Ein Boxer dreht auf

Henry ist ein Boxer-Rüde, wie er im Buche steht. Temperamentvoll und immer gut gelaunt. Seine Familie versucht seinen Elan über viel Bewegung zu bändigen. Dreimal täglich kommt er raus, jeweils mindestens für eine Stunde. Eine dieser Runden läuft der Zweijährige dabei am Fahrrad. Da die Erziehung bisher nicht sehr intensiv war, kann Henry nicht gelassen werden. Denn Jogger, Fahrradfahrer oder andere Hunde sind vor seiner stürmischen Begrüßung nicht sicher. Bei den Spaziergängen läuft er an einer Flexi-Leine, damit er mehr Bewegungsfreiheit hat. Am Fahrrad an einer normalen Leine. Wenn er anderen Hunden begegnet, versucht er stürmisch auf sie loszurennen. Dabei zieht er seine Besitzer fast aus den Schuhen oder vom Fahrrad. Das Fatale: Henry wird ausschließlich am Halsband geführt. Das wurde in der Welpenschule empfohlen, um dem Hund so schneller die Leinenführigkeit beizubringen. Tut eben mehr weh, wenn der Hund in das Halsband rennt – im Vergleich zu einem Brustgeschirr. Das Vorhaben, korrekt an der Leine zu gehen, scheiterte wie so vieles an der Inkonsequenz der Halter. Das Halsband ist geblieben. Mit der Folge, dass Henry sich teilweise fast erwürgt, wenn er losrennt.

Bei einer Röntgenaufnahme vor einem Jahr ergab sich der Zufallsbefund, der bei Boxern leider sehr häufig vorkommt: Spondylose. Das sind arthrotische Veränderungen an den Wirbeln, die mit starken Schmerzen einhergehen. Henry hat sich nie etwas anmerken lassen. Sein Rücken braucht Wärme und Massage zur Entspannung und auf keinen Fall Zug durch ein Halsband. Drei Stunden Bewegung sind sicherlich auch zu viel des Guten. Besser wäre es, Henry zwischendurch auch ohne körperlichen Einsatz zu beschäftigen.

Seine Familie geht seitdem zur Hundephysiotherapie. Was die dort sagen, wird dieses Mal konsequent umgesetzt. Henry ist deshalb nahezu beschwerdefrei. Er trägt ein Brustgeschirr, geht nur noch knapp zwei Stunden am Tag raus und verwendet seine unglaubliche Energie für Nasenarbeit – auch wenn von seiner Nase, dank der Zucht, nicht allzu viel zu sehen ist. So ist Henry immer noch gut gelaunt, aber sein Temperament deutlich besser zu zügeln, weil er ausgeglichener geworden ist.

Ein Zuviel an Bewegung

BELOHNUNG

BATSCHI, 12 JAHRE ALTER DALMATINER-MIX –
„CHARMANT ZU FRAUEN"

Batschi ist ein liebenswerter Rüde, der es besonders gut mit Frauen kann. Körperlich ist er eine Großbaustelle, die aber dank Goldakupunktur und regelmäßigem Schwimmen verhältnismäßig beschwerdefrei ruht. Seit einem halben Jahr hat er eine Mitbewohnerin bekommen. Die reizende Julia. Blutjung. Das belebt den alten Knaben deutlich. Sein „Glück": Sie hat eine schlecht verheilte Verletzung am Sprunggelenk. Trotz ihrer Jugend haben sich bereits starke Arthrosen gebildet. Das heißt, auch Julia kann nicht so, wie sie will. So sind die gemeinsamen Spaziergänge überschaubar und die Spieleinheiten zeitlich begrenzt. Damit beiden nicht zu viel zugemutet wird.

140 Futtermenge

142 Übergewicht

144 Auswahl der Leckerchen

147 Stimmeinsatz

148 Körperkontakt

150 Freizeit

FUTTERMENGE

Die Belohnung mit Futter eröffnet beim Training sehr vielfältige Möglichkeiten. Wie schon bei der Hausarbeit beschrieben (siehe S. 22), kann man sogar soweit gehen, dass der Vierbeiner ausschließlich bei der Beschäftigung gefüttert wird. Für alle anderen gilt eine wichtige Regel:

Die Futterbelohnung muss in die Gesamtration einkalkuliert werden.

Belohnung

Am einfachsten ist das Einkalkulieren der Belohnung, wenn ein Hund ausschließlich mit Trockenfutter gefüttert wird. Man zweigt dann die benötigte Menge von der Gesamtration ab. Am besten mit einem Messbecher abmessen und dann direkt morgens beiseite tun.
Schwerer fällt es, wenn der Hund mit Feucht- oder Frischfutter ernährt wird. Aber auch hier muss man die eigentliche Futterration um die Menge, die sich der Hund erarbeitet, reduzieren. Leider ist es kaum möglich, mit diesen Futtersorten zu trainieren. Also muss man sich Ersatzfuttermittel besorgen. In der Regel sind so gefütterte Hunde jedoch deutlich wählerischer, was die Motivation nicht vereinfacht. Das gilt genauso bei Hunden, denen man mit dem gewohnten Trockenfutter kommt. Falls es sich nicht um ein besonders verfressenes Exemplar handelt, ist es möglich, dass er die Arbeit für „normales" Hundefutter verweigert. Gerne auch hierarchisch: SITZ mache ich für das öde Ding noch. Aber für STRECK DICH soll es schon was Besonderes sein!

Nimmersatt

Die meisten unserer Hunde sind Gewohnheitstiere. Und selbst wenn Sie ihnen vorbildlich ihre gesamte Tagesration bei der gemeinsamen Arbeit verfüttert haben, werden sie zur üblichen Zeit in der Küche auftauchen und sehr hungrig dreinschauen. Hier gilt es entweder konsequent zu sein. Puh. Oder das Futter tatsächlich so aufzuteilen, dass Sie noch einen Rest als Mahlzeit geben können. Denn betteln können unsere Lieblinge meist sehr gut. Ganz ohne besonderes Training. Und „satt" kennen die meisten leider so gar nicht. Das ist dasselbe Phänomen wie das, warum viele Hunde jeden Morgen ein Leberwurstbrot bekommen müssen und am Abend nach der Hauptmahlzeit eine Betthupferl-Kaustange. Obwohl vielleicht schon längst Diät angesagt wäre …

ÜBERGEWICHT

In Deutschland ist ein Drittel aller Hunde übergewichtig. Besonders traurig dabei ist, dass dicke Hunde in der Regel eine niedrigere Lebenserwartung haben als schlanke. Altersbedingte Erkrankungen treten darüber hinaus früher auf. Die überflüssigen Pfunde verringern also nicht nur die Lebensdauer, sondern auch die Lebensqualität.
Das gilt insbesondere für Probleme mit dem Bewegungsapparat. Die Wahrscheinlichkeit, darunter zu leiden, kann sich bei dicken Hunden mehr als verdoppeln. Umgekehrt gilt aber auch, dass schon erste Abnahmeerfolge in der Regel eine Lahmheit verbessern können. Eine Gewichtsanpassung ist oft die dringendste Maßnahme im Kampf gegen chronische Erkrankungen.

Leichter gesagt als getan

Die meisten Hunde scheinen keinerlei Sättigungsgefühl zu kennen. In diesem Punkt müssen die Besitzer sich ihrer Verantwortung also stets bewusst sein. Sie sind die Futterquelle und müssen die Menge festlegen und im Zweifel leider auch reduzieren. Das kann sogar bedeuten, dass ein Hund mit einem Maulkorb davon abgehalten wird, selbstständig beim Spaziergang Essbares aufzunehmen. Für hungrige Hunde ist dieser Begriff im Übrigen sehr dehnbar ...

Auf Diät

Meist hilft die Umstellung auf weniger energiereiche Kost. Zum Beispiel Möhren und Apfelstücke statt zucker- und fetthaltige Leckerchen. Für den Fall, dass man den leidenden Blick seines hungrigen Vierbeiners nicht widerstehen kann. Oder geraspelt zur Hauptmahlzeit, damit der Napf voll aussieht. Als Alternative zur FdH-Methode (Friss die Hälfte). Denn beim Anblick eines halbvollen Napfs schaut der Vierbeiner gerne sparsam und das mehr als schlechte Gewissen der Besitzer schlägt Alarm. Wenn ein Hund dann auf das Angebot von kalorienarmen Lebensmitteln nicht mit Begeisterung reagiert, sollte natürlich kein Ersatz geboten werden. Fällt bei einem Diätprogramm im Übrigen einmal eine Mahlzeit komplett aus, bringt das den Hund nicht um, sondern seinem Ziel näher. Und vor einem vollen Napf ist noch keiner verhungert.

Idealgewicht beim Hund
Die Rippen sind spürbar, aber nicht sichtbar. Eine deutliche Taille ist erkennbar: von oben und von der Seite betrachtet.

AUSWAHL DER LECKERCHEN

Mittlerweile gibt es erfreulicherweise einige Anbieter, die sich auf ein gesundes Ergänzungsfutter spezialisiert haben. Teilweise sogar in Bio-Qualität. Sie kommen ganz ohne Zusatzstoffe wie Geschmacksverstärker, aber auch Zucker oder einen hohen Fettanteil aus, durch die sonst oft Schmackhaftigkeit erzeugt wird. Um die geeignete Auswahl zu treffen, gilt es die Zutatenliste zu beachten. Eine Alternative dazu sind selbst gebackene Hundekekse. Hierzu gibt es inzwischen sehr schöne Anleitungen.

Eine sehr geeignete Wahl für die Belohnung ist darüber hinaus schlicht Käse. Er ist sehr klein portionierbar, geruchsintensiv und leicht verfügbar. Kauen und dadurch mögliches Verschlucken entfällt. Ebenso sämtliche Sorten von Wurst. Durch den hohen Fettanteil und die extreme Würzigkeit bringen sich die meisten Hunde dafür ja fast um. Das sind natürlich absolute Highlights, die genauso auch eingesetzt werden sollten: sparsam und bei schwierigen Übungen. Und danach bitte ausreichend Wasser zur Verfügung stellen. Sehr gut geeignet ist ansonsten auch getrocknete Rinderlunge. Sie ist sehr fettarm und im Handling für uns Menschen relativ angenehm. Sie lässt sich sehr gut klein schneiden und damit portionieren. Genauso wie die Leckerchen in der Gesamtration zu berücksichtigen sind, ist auch zu beachten, dass durch überwiegend proteinhaltige Leckerchen nicht das Gesamtverhältnis der Futterzusammensetzung aus dem Gleichgewicht kommt.

Zur Ernährung der Hunde gibt es fast so viele Möglichkeiten und Meinungen wie bei uns Menschen. Die unterschiedlichen Ansätze werden oft extrem kontrovers diskutiert. Aus Sicht der Prävention und Rehabilitation von Erkrankungen des Bewegungsapparats interessieren vor allem die Nahrungsbestandteile Protein und Fett. Proteine sind Eiweiße. Lieferanten dafür sind tierische Erzeugnisse wie Fleisch, Fisch, Milchprodukte und pflanzliche Erzeugnisse wie Soja. Sie beeinflussen den Knochenbau und sind wie Fett ein hochwertiger Energieträger (Aspekt Gewichtskontrolle).

Bei einem erwachsenen Hund können nachfolgende Anteile in Fertigfutter empfohlen werden:
Protein   20 bis 25 %
Fett   ca. 10 %

In den meisten Trockenfuttersorten ist heutzutage insbesondere der Proteingehalt moderat. Feuchtfutter sind hingegen sehr häufig deutlich energiereicher. Das kann man durch die Gabe von kohlehydrathaltigen Lebensmitteln wie Reis, Kartoffeln, Nudeln oder Flockenmischungen sowie Obst und Gemüse ausgleichen.

Für die Welpen- bzw. Junghundeaufzucht gilt, dass insbesondere bei großwüchsigen Rassen bis maximal zum 6. Lebensmonat mit hochproteinhaltigem Welpen- bzw. Juniorfutter gefüttert werden sollte. Das Größenwachstum wird andernfalls zu sehr beschleunigt, was zu erheblichen Problemen mit dem Bewegungsapparat führen kann. Das genetisch festgelegte Endmaß erreicht der Hund auf alle Fälle. Aber eben besser langsam.

Leckerchen

Mit Käse fängt man ...

Futterzusammensetzung

Welpenfutter

STIMMEINSATZ

Hunde lassen sich sehr gut stimmlich motivieren. Je nach Temperament und Übung kann dies von uns dosiert werden. So sollte man einen ruhigen, behäbigen Hund, der etwas apportieren soll, eher mit einer Micky-Maus-Stimme und einem kräftigen „Hier-Hier-Hier-Hier" antreiben und einen Jack Russel Terrier, der STEH lernen soll, falls man einen Augenblick der Ruhe an ihm entdeckt, mit einem gebrummten „Tüchtig" bedenken.
Wichtig ist, dass man seinen Hund bei der Arbeit nicht „dauerbeschallt". Sonst fällt es ihm umso schwerer, aus dem steten Schwall der Worte die Signale oder das Lob herauszufiltern. Unterschiedliche Tonlagen für das Geben von Signalen, Lob oder Korrekturen können helfen. Generell bieten sich kurze, knappe Signale an, am besten Worte, die sonst im Alltag nicht „gebräuchlich" sind.
Hat man die Möglichkeit, dann sollte man zwischendurch mit einer zweiten Person gemeinsam trainieren. Der Helfer achtet für den Moment nur darauf, ob die Signale tatsächlich im Trainingseifer so gebraucht werden, wie man sie sich überlegt hat. Sonst kann es einem nämlich aus Versehen passieren, dass man zum Beispiel vor ein Signal das Wort „Komm" fügt, häufig in der Kombination KOMM – LAUF.
Hilfreich ist so eine Begleitung auch für ein Controlling des richtigen Timings. Insbesondere, wenn man mit seinem Hund bei einer Übung nicht richtig weiterkommt.

Manche Hunde reagieren bei einer Korrektur sehr verschreckt, wenn die üblichen Abbruchsignale wie NEIN oder AUS verwendet werden. Vor allem wenn man im Eifer des Gefechts etwas laut wird. Hier bietet sich der Gebrauch von anderen Worten wie FALSCH an, damit der Hund nicht komplett die Pfoten von der Sache lässt.

In der Regel ist stimmliches Lob leider in der Hierarchie der Motivation nicht sehr weit oben anzusiedeln. Deswegen ist der Einsatz eher parallel zu verstehen oder wenn eine Übung bereits gut ausgeführt wird. Außerdem passt es, wenn ein Leckerchen nicht verwendet werden kann. Wie zum Beispiel beim Absolvieren eines Parcours, bestehend aus Slalom und Cavaletti, damit der Blick nicht zum Leckerchen in der Hand, sondern auf die Hindernisse fällt.

Klare Sprache

Alternative Signale

Lob

KÖRPERKONTAKT

Hunde werden von uns gestreichelt, gekrault und geklopft. Für viele Vierbeiner ist das die schönste Möglichkeit der Interaktion mit ihrem Besitzer. Und wer einmal einen Hund hat, der kein besonderes Kuschelbedürfnis zeigt, weiß umso mehr, was er vermisst. Warmes, weiches Fell – es gibt kaum etwas, was mehr beruhigt. Nicht umsonst sind unsere Hunde die erfolgreichsten Tiere im therapeutischen Einsatz!

Bei der Arbeit ist allerdings das körperliche Belohnen nur bedingt einsetzbar. In sehr vielen Situationen lenkt es von der Übung ab. Wenn Sie zum Beispiel Pfote geben lassen und dann versuchen, Ihren Hund als Lob am Rücken zu streicheln, wird er die Geste eventuell als erneute Aufforderung missverstehen.

Streicheln nicht immer erwünscht

Noch wichtiger ist aber, dass viele Hunde, selbst wenn es die größten Schmuser sind, bei der Arbeit wenig Wert auf körperlichen Kontakt legen. Man beobachtet immer wieder, dass sie davon eher irritiert sind. Als ob es sie in ihrer Konzentration stört oder es nicht zu der Ernsthaftigkeit des Trainings passt. Es scheint auf alle Fälle so zu sein, dass die Arbeit dafür kein guter Zeitpunkt ist. So wie ein bettelnder Hund auch eher genervt ist, wenn man ihn statt zu füttern streicheln will! Aus seiner Sicht wahrscheinlich mal wieder ein Beweis dafür, dass wir Menschen die einfachsten Dinge nicht begreifen!

Gegen ein ausführliches Knuddeln zum Abschluss des Trainings ist natürlich überhaupt nichts einzuwenden.

Die Sache mit dem Klopfen

Klopfen Sie bitte niemals von oben auf den Rücken Ihres Vierbeiners. Maximal an die Seite – am besten nur vorne im Schulterbereich. Es ist nie auszuschließen, dass ein Hund Rückenschmerzen hat. Und dann tut ihm das gut gemeinte Klopfen auf den Rücken weh. Selbst wenn er es nicht anzeigt. Denken Sie dran: Er lässt sich von seiner Familie eine Menge gefallen. Oft missverstanden in diesem Zusammenhang ist die Reaktion vom Hund, der sich gegen die relativ gesehen grobe Zuwendung drückt. Er baut so Spannung auf, um den eventuell vorhandenen Schmerz zu lindern. So wie ein trainierter Bauchmuskel unter Anspannung einen Schlag hinnimmt! Das ist also nicht immer ein Indiz dafür, dass er diese Berührung zu schätzen weiß.

Aus dem Pferdesport

Das Klopfen auf die Hals- bzw. Schulterpartie ist beim Reiten als Lob weit verbreitet. Allerdings interessanterweise nur in Deutschland. Im Ausland ist diese Methode der positiven Bestätigung deshalb als „German Pat" bekannt. Experten gehen davon aus, dass Pferde situativ unterscheiden lernen, wann diese Art der Schläge positiv zu interpretieren sind.

Auszug aus dem Tierschutzgesetz:
Hunden muss mindestens zweimal täglich Sozialkontakt mit Menschen gewährt werden.

FREIZEIT

Die richtige Dosis

Die schönste Belohnung nach der Arbeit ist die Freizeit. Das kennen wir von uns selbst. Nach einer harten Fünf-Tage-Woche freut man sich ganz besonders auf das Wochenende. Auch wenn die meisten Hunde wirklich mit Feuereifer bei der Sache sind, ist es umso wichtiger, dass man es nicht übertreibt. Wobei das Maß je Hund extrem unterschiedlich ist. Manche Vierbeiner sind ausgeglichen, wenn sie einmal in der Woche trainieren. Andere brauchen dafür mindestens eine Stunde Intensivarbeit pro Tag. Es ist schwierig, die richtige Dosis zu finden. Zumal sich der Tag aus unterschiedlichen Erlebnissen zusammensetzen kann: Spaziergänge, Spiel mit anderen Hunden, Einkauf in der Stadt, Bewachen von Grundstück usw. Das heißt, dass der Hund zum Beispiel nach einem für ihn anstrengenden Besuch in einem Ausflugslokal (viele Reize) schon müde ist und an dem Tag die Beschäftigung ausfallen kann. Hier ist also Vorsicht geboten. Man kann den Hund nämlich auch an immer mehr und mehr Action gewöhnen und dabei den Bogen überspannen. Dann ist der Hund überdreht und nervig, nicht weil es ihm an Auslastung fehlt, sondern weil er schon längst „darüber" ist. Wenn Sie bei Ihrem Hund Zweifel haben, wenden Sie sich an einen Hundetrainer. Der kann die Situation von außen fachkompetent beurteilen.

Ruhephasen

Es ist also wichtig, dass Sie zwischendurch oder im Anschluss für Ihren Hund „als Belohnung" Ruhezeiten einplanen, in denen er psychisch, aber auch physisch regeneriert. Das bedeutet, dass Sie bei einem intensiven Arbeitsspaziergang zum Beispiel eine Pause einlegen. Sie setzen sich irgendwohin, der Hund ruht neben Ihnen. Das funktioniert natürlich nur in relativ reizarmer Umgebung. Oder dass er zumindest einen Teil der Strecke gemütlich im eigenen Tempo vor sich hintrotten darf.

Manche Vierbeiner müssen zu Pausen regelrecht gezwungen werden, um abzuschalten. Auch daheim gibt es Vertreter, die nur dann entspannen, wenn man selbst zur Ruhe kommt. Sie verfolgen jeden Gang durch das Zuhause, zum Beispiel aus Anhänglichkeit, Kontrolldrang oder um die Chance auf eine Futtergabe nicht zu verpassen.

Auch positive Erlebnisse wie stundenlange Beschäftigung, ein wildes Spiel oder ein spannender Jagdausflug können Hunde stressen. Hunde brauchen auch nach solchen Situationen ausreichend lange Erholungsphasen. Sonst steigt die Fehlerquote. Als Langzeitfolge kann es sogar zu Erkrankungen kommen.

Stress bei Hunden

In einer Untersuchung zum Thema „Stress bei Hunden" (animal learn, 2003) wurde ermittelt, dass die Hunde am wenigsten unter Stress leiden, die unter anderem

-> am Tag ca. vier Stunden alleine sind,
-> zwei bis maximal drei Stunden spazieren gehen,
-> es beim Spielen nicht übertreiben,
-> nicht zu viel Aufregung erfahren, im Sinne von Besuchen, Einkaufsbummeln, fremden Eindrücken.

Hunde profitieren von regelmäßigen Tagesabläufen.

FLO'S ANDERE SICHTWEISE

Auf einem Auge blind

Flo ist sechs Jahre alt. Eine zierliche, blonde, sehr typische Spanierin. Sie kam vor fünf Jahren nach Deutschland. Dank einer Tierschutzorganisation bezog sie weg von der Straße ihr sicheres, neues Zuhause. Dank ihres unkomplizierten Wesens funktioniert sie in ihrer Prinzessinnen-Rolle weitestgehend problemlos.

Was sie in ihrem ersten Lebensjahr erfahren hat, ist ungewiss. Es kann nicht allzu schrecklich gewesen sein, denn sie zeigt keinerlei Ängste gegenüber Menschen. Allerdings muss sie vor ihrer Abreise einen Unfall gehabt haben. Sie kam mit einem verletzten Auge und einer frisch verheilten Narbe am Vorderlauf der gleichen Seite an. Das Auge war nicht mehr zu reparieren. Ein Spezialist stellte fest, dass nicht nur der Augapfel geschädigt wurde. Eine neurologische Untersuchung ergab, dass auch der Sehnerv und evtl. sogar Teile vom Gehirn betroffen waren. Das Auge ist erblindet und schimmert weißlich.

Alltag mit Ecken und Kanten

So lebt Flo also mit nur einem sehenden Auge weiter. Sie realisiert sicherlich, dass sie körperlich nicht auf der Höhe ist. Das führt dazu, dass sie gegenüber anderen Hunden zurückhaltend ist. Auch das räumliche Sehen scheint zu fehlen. Das schließt ihre Familie daraus, dass sie vor allem in der ersten Zeit nicht immer mit dem richtigen Abstand ins Auto oder aufs Sofa gesprungen ist. Wenn sich etwas von der blinden Seite her nähert, erschrickt sie. Selbst Leckerchen müssen von der richtigen Seite kommen, sonst erkennt sie sie nicht. Beim Laufen passiert es ihr öfter, dass sie gegen etwas stößt. Eine Laterne oder ein parkendes Auto – manchmal nimmt sie es einfach zu spät wahr.

„Geht so!"

Wo immer Flo auf Menschen trifft, fokussiert sich das Interesse auf ihre Behinderung. Die spontane Gesprächseröffnung „Hat die was am Auge?" begegnet der Familie regelmäßig. Und dann – vielleicht weil die Menschen ein wenig verlegen sind angesichts ihrer spontanen Neugierde – folgt mit hoher Wahrscheinlichkeit: „Aber sie kommt doch gut damit zurecht!" Je nach Lust und Laune wiegelt die Familie ab oder sagt die Wahrheit: „Geht so!" Natürlich leidet sie nicht mental darunter, ein behinderter Hund zu sein, aber sie hat schon körperliche Nachteile und die sind nicht lustig. Großes Erstaunen.

Offenheit ist wichtig

Viel zu oft wird einem bei der Tiervermittlung vorgegaukelt, dass alles bestens ist. Hunde kommen gut mit ihren Beschwerden zurecht oder brauchen nur eine kleine Pille am Tag usw. Dabei wäre mehr geholfen, wenn die Einschränkungen von Anfang an offen besprochen würden, damit keine Fehler in der Haltung passieren. So wie bei Flo natürlich ganz besonders auf das sehende Auge aufgepasst wird! Das bedeutet, dass sich ihr großer Traum nie erfüllen wird: Einmal eine von diesen doofen Katzen vermöbeln! Zu gefährlich!

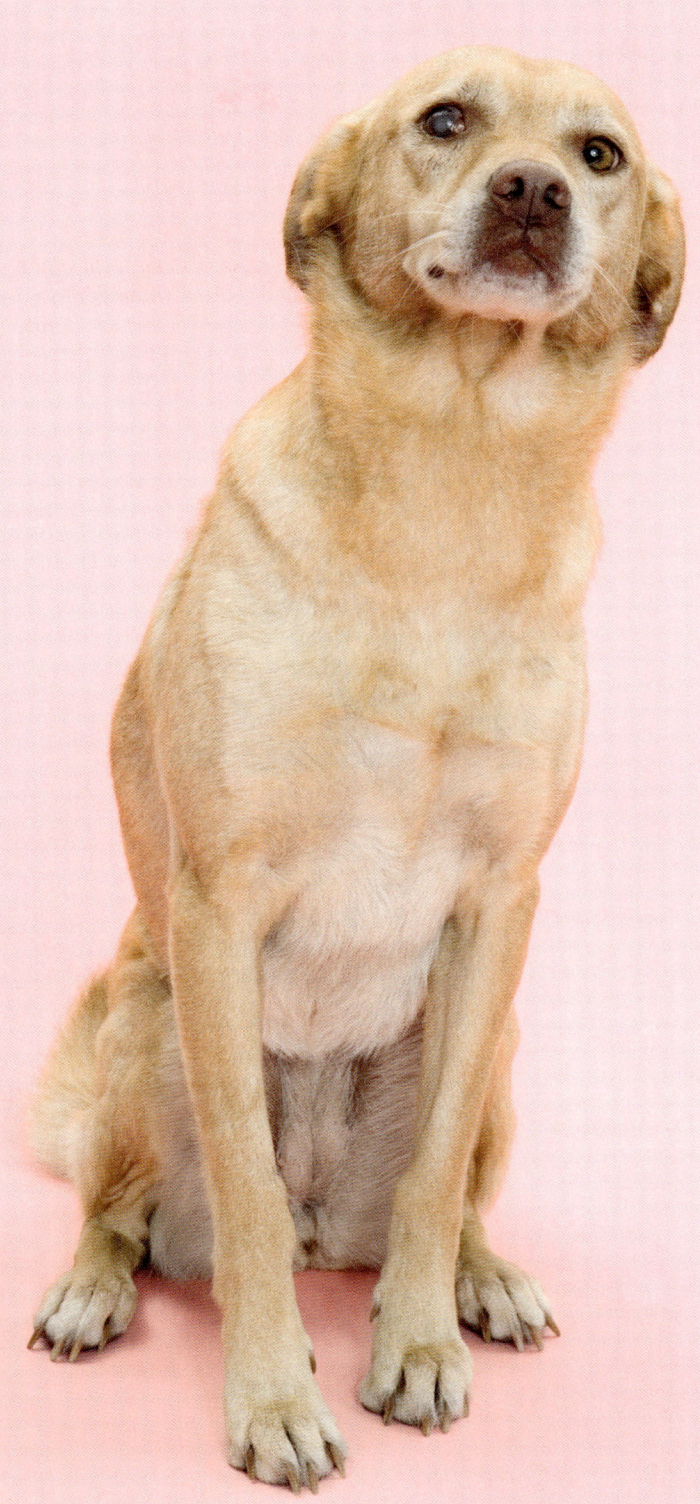

SERVICE

Nützliche Adressen

GANGWERK
Praxis für Hundephysiotherapie
Susanne Siebertz & Ilona von Treskow
Weseler Str. 43
D – 40239 Düsseldorf
info@gangwerk.de
www.gangwerk.de

Bundestierärztekammer (BTK)
Oxfordstraße 10
D – 53111 Bonn
Tel. 02 28 72 54 60
Fax 02 28 72 54 666
geschaeftsstelle@btk-bonn.de
www.bundestieraerztekammer.de

Verband für das Deutsche Hundewesen (VDH)
Westfalendamm 174
D – 44041 Dortmund
Tel.: 0231 56 50 00
Fax: 0231 59 24 40
Info@vdh.de
www.vdh.de

Österreichischer Kynologenverband (ÖKV)
Siegfried-Marcus-Str. 7
A – 2362 Biedermannsdorf
Tel.: 043 (0) 22 36 710 667
Fax: 043 (0) 22 36 710 667 30
office@oekv.at
www.oekv.at

Schweizerische Kynologische Gesellschaft (SKG)
Länggassstr. 8
CH – 3001 Bern
Tel.: 031 306 62 62
Fax: 031 306 62 60
skg@hundeweb.org
www.hundeweb.org

Unser besonderer Dank gilt Wiebke Arnholz für ihre fachliche Unterstützung als Ideengeber für die Kapitel Kopf- und Nasenarbeit. Das größte Lob geht an die tollen Modells Max, Bailey, Kreta, Fluse, Moritz, Nike, Emiliy, Eddie, Flax, Batschi, Julia und Flo, sowie deren geduldigen Begleitern.

Zum Weiterlesen
Bücher aus dem Kosmos-Verlag

Verhalten
Lernen Sie die Sprache Ihres Hunde noch besser verstehen und mit ihm zu kommunizieren:

Rütter, Martin: Sprachkurs Hund. Buch & DVD, 2009

Schöning, Barbara: Hundeverhalten. 2008

Erziehung
„Sitz", „Platz" und „Fuß" – alles kein Hexenwerk. Ausführliche Methoden und verschiedene Herangehensweisen können Sie hier nachlesen:

Blenski, Christiane: Hunde erziehen, ganz entspannt. 2005

Führmann, Petra; Nicole Hoefs & Iris Franzke: Das Kosmos-Erziehungsprogramm für Hunde.

Krauß, Katja: Hunde erziehen mit dem Clicker. 2010

Rütter, Martin: Hundetraining mit Martin Rütter. Buch & DVD, 2006

Spiele & Beschäftigung
Begeisterte Spieltypen sind immer auf der Suche nach Beschäftigung.

Blenski, Christiane: Schnüffelspiele. 2009

Doepp, Simone und Gabriele Metz: Trick Dogs. 2009

Nijboer, Jan: Treibball.2010.

Rundum gesund
Alternative Heilmethoden fördern die Gesundheit und helfen vorbeugen:

Bergmann-Scholvien, Claudia: Schüssler-Salze für meinen Hund. 2009

Rakow, Barbara: Homöopathie für Hunde. 2009

Tellington-Jones, Linda: Tellington-Training für Hunde. 1999

REGISTER

Abtrocknen 25
Acht oder Kreise gehen 95
Aggressivität 119
Apportieren 126
Auf die Seite legen 108
Aufwärmen 107, 121

Baden 25
Ball 52 f
Ball-Junkee 39, 129
Bandage 46
Bei Fuß gehen 123
Belohnung 43, 139 ff
Bodenbelag 122
Bodenbelag 20
Bodybuilding 90
Brustgeschirr 118, 125
Bürsten 24

Cavaletti 97

Decken 20, 75
Decken 54, 75
Dehnungen 106

Eigenwahrnehmung 96, 133
Einstiegshilfe 18
Ergänzungsfutter 144

Fahrrad 125
Fahrradanhänger 125
Fett 145
Freizeit 150
Fütterung 22 f
Futterbar 23
Futtermenge 140
Futtersorten 140
Futterzusammensetzung 145

Gangarten 118, 123
Gartenarbeit 30
Gegenstände 44 f, 78
Gehhilfe 134

Geruchssinn 72
Gerüche 81
Gesamtration 140
Geschenke 60
Gewichte 90
GIVE ME FIVE 103

Halsband 118
Hausarbeit 8 ff
Holzspielzeug 29
Holzspielzeug 76
Hörsinn 77
Hundeexpander 134
Hundemantel 120
Hundeschuh 134
Hundeschuhe 20
Hundesport 19, 121
Hunde-TV 14 f

Idealgewicht 142
Intelligenz 38

Jagen 127
Joggen 125

Käse 81, 145
Klingel 63
Klopfen 148
Kompliment 105
Konditionierung 26, 29, 44 f
Kong 22
Kopfarbeit 34 ff
Körperarbeit 86 ff
Körperbänder 97
Körperkontakt 148
Körperpflege 24 f

Lähmung 134
LANGSAM 90
Laufarbeit 112 ff
Leckerchen 144 f
Leine 118
Lernen 38, 40 f

Mantrailing, Menschensuche 72f, 82f

Nasenarbeit 68 ff
Neurologische Ausfälle 133, 134

Orthesen 134
Orthopädische Hilfsmittel 134
Outdoor 130 ff

Pappröhre mit Schieber 50
Parcours 52 f, 130
Passgang 123
PENG 108
PFOTE 102
Physiotherapie 90
Plastikflasche 58 f
PLATZ 98
Positionsänderungen 132
Positionswechsel 98, 132
Protein 145

Rehabilitation 30, 90, 129, 134
Rohr 56
ROLLE RUM 109
Rollwagen 116, 134
Rückenprobleme 119
Rückenschmerzen 119, 120

Schieben 52 ff
Schlafen 21
Schmerz 92, 116, 148
Schonhaltung 119
Schonhaltung 92, 116
Schritt 118, 123
Schublade 48
Schuhkarton 48
Schwimmen 126
Schwimmweste 126
Sehsinn 14 f, 77
Signale 43, 73, 90, 147
Sinne 72, 77
SITZ 98
Slalom 94, 132

Spanischer Schritt 103
Spaziergang 122
Spielen 128
Spielzeug 28 f
Springen 18 f
Stangenarbeit 96
STEH 98
Stimme, Stimmeinsatz 147
STRECK DICH 104
Stress 119, 151
Suchen, SUCH 45, 72 ff

Tasche 48
Team 130
Tierschutzgesetz 116, 149
TOTER HUND 108
Trab 118, 123, 125
Tragehilfe 17, 134
Training 90, 125, 128
Trampolin 101
Treibball 130
Treppen 16 f
Tür 64

Übergewicht 142
Übungsaufbau 43, 130
Untergrund 19, 122, 133

Wachstumsstörung 128
Welpe 128
Welpenfutter 145
Wolf 116
Wurst 81, 145
Wurstschleppe 131

Zerrspiele 129
Ziehen 46 ff

IMPRESSUM

Bildnachweis

195 Farbfotos wurden von Bine Bellmann für dieses Buch aufgenommen.

Farbfoto S. 5 von Melanie Grande / Kosmos.

Impressum

Umschlaggestaltung von eStudio Calamar unter Verwendung von zwei Farbfotos von Bine Bellmann.

Mit 198 Farbfotos.

Alle Angaben in diesem Buch erfolgen nach bestem Wissen und Gewissen. Sorgfalt bei der Umsetzung ist indes dennoch geboten. Der Verlag und die Autorinnen übernehmen keinerlei Haftung für Personen-, Sach- oder Vermögensschäden, die aus der Anwendung der vorgestellten Materialien und Methoden entstehen könnten.

Unser gesamtes lieferbares Programm und viele weitere Informationen zu unseren Büchern, Spielen, Experimentierkästen, DVDs, Autoren und Aktivitäten finden Sie unter www.kosmos.de

Gedruckt auf chlorfrei gebleichtem Papier

© 2010, Franckh-Kosmos Verlags-GmbH & Co. KG, Stuttgart.
Alle Rechte vorbehalten
ISBN 978-3-440-11229-8
Redaktion: Hilke Heinemann
Gestaltungskonzept und Gestaltung: Ilona von Treskow
Produktion: Eva Schmidt
Printed in Germany / Imprimé en Allemagne

FSC Mix
Produktgruppe aus vorbildlich bewirtschafteten Wäldern, kontrollierten Herkünften und Recyclingholz oder -fasern
Zert.-Nr. SGS-COC-003210
www.fsc.org
© 1996 Forest Stewardship Council

KOSMOS.
Lesefutter für Hundefreunde.

Auf 18 Beinen durch Berlin

Katharina von der Leyen schildert den ganz normalen Wahnsinn ihres turbulenten Alltags mit vier Hunden in der Großstadt. Frech, augenzwinkernd und mit einem guten Schuss Selbstironie charakterisiert sie ihre vierbeinigen Mitbewohner: Harry, das Windspiel. Theo, der Mops. Und die beiden Großpudelinnen Ida und Luise.

Katharina von der Leyen | **Dogs in the City**
192 Seiten, 42 Fotos, €/D 16,95
ISBN 978-3-440-11336-3

Zum Schmunzeln und staunen

Regnet es, wenn Hunde Gras fressen? Können Hunde ein schlechtes Gewissen haben? Hundeexpertin Anja Weiershausen deckt Anekdoten, Missverständnisse und Vorurteile auf und geht den Fakten auf den Grund. Amüsanter und gleichzeitig spannender Lesestoff – mit nützlichen Tipps für den Umgang mit unseren Vierbeinern.

Anja Weiershausen | **Populäre Irrtümer über Hunde**
160 Seiten, 48 s/w-Cartoons, €/D 6,95
ISBN 978-3-440-10635-8

www.kosmos.de/hunde

MAKING OF